U0216953

隈研吾建筑图鉴

50座名建筑的深度拆解与访谈

［日］宫泽洋 著/绘

刘炯浩 译

电子工业出版社

Publishing House of Electronics Industry

北京·BEIJING

"以建筑师隈研吾的作品为切入点，向普通读者展示现代建筑的魅力。"——这是本书的最大愿望。

我是宫泽洋，原本在一家建筑专业杂志社任总编辑，现在是一名插画家。在本书中，我实地考察了隈研吾的 50 件主要作品，将其特征以插画的形式描绘出来。本书将这 50 件作品分为"震撼系""沉稳系""轻快系""静谧系"，按照竣工时间的顺序进行介绍。

在筹划本书期间，我去征询隈研吾的意见，他把挑选和分类的大权交给了我。至于隈研吾本人如何看待我的最终选择，敬请阅读本书的访谈部分。

我挑选了 50 座建筑作为本书介绍的主体，但讲解过程中对其他建筑也有所涉及，共计 69 座建筑。隈研吾已经在建筑设计领域活跃了三十多年，他经手的设计项目快要突破 1000 件（未完成的作品及展览会等也包含在内）大关了，所以这 69 座建筑仅是沧海一粟。不过，本书的独特价值在于，不限时间、不限主题地对隈研吾的设计作品进行概览性介绍。隈研吾在访谈中也坦诚地回顾了自己的职业生涯，发人深省。

我本是为普通读者执笔，但完稿后再读，自认为似乎也能为专业人士提供些许裨益。希望各位读者先以轻松的心情翻阅本书，然后静下心重读访谈部分，相信会有新的收获。

宫泽洋｜插画家·编辑

[整体结构]

全书分为"震撼系""沉稳系""轻快系""静谧系"四部分。

每部分由"实景图""建筑资料""手绘解说"构成。

各部分按照竣工时间的顺序来介绍相关建筑。

1 —— 实景图

选取该类作品中最具代表性的建筑，展示其实景图。

四部分各选取约六张照片（照片均由宫泽洋拍摄）。

2 —— 建筑资料

此处罗列手绘解说部分所涉及的建筑信息（除特别说明外，照片均由宫泽洋拍摄）。

有些建筑需要预约才能参观，还有些建筑谢绝普通游客参观。

请各位读者在实际前往之前务必通过相关网站等渠道确认相关信息。

3 —— 手绘解说

正文的阅读方法如下。

Ⓐ 此处展示该建筑属于"震撼系""沉稳系""轻快系""静谧系"中的哪一系。

Ⓑ 用一个拟声拟态词概括该建筑的特征。

Ⓒ 竣工年份（建设工程的完成时间），该时间不一定与该建筑面向公众开放的时间一致。

Ⓓ 手绘解说过程中，括号内的数字表示括号前所提及建筑的竣工年份（可参照Ⓒ）。

Ⓔ ➜ P.000 表示所提及建筑在本书介绍的位置。

124

25 大 谷 石 的 菱 形 变 奏 曲

石仓广场

Ⓐ 轻快系	栃木县高根泽町宝积寺 2416；乘坐 JR 东北本线到达"宝积寺"站即到	广场周边云集了三座"隈氏建筑"。礼堂和多功能展览中心于 2006 年先行落成，两年后车站竣工。礼堂是对一座原有石仓的改造，另一座石仓则被拆解。拆下的大谷石被用于礼堂和展览中心的修建，以重获新生。
Ⓑ 锯齿獠牙		
Ⓒ 2006 年	地上 1 层／607.66m²	

据说，高根泽町之所以委托隈研吾来设计石仓广场，是因为石材美术馆 Ⓓ (2000) 对既有石仓的改造大获成功。

➜ 参看 P.042 Ⓔ

不过，在我看来，二者有很大差别。石材美术馆并未让石头有轻盈之感，而石仓广场却实现了"轻飘飘"的石墙。

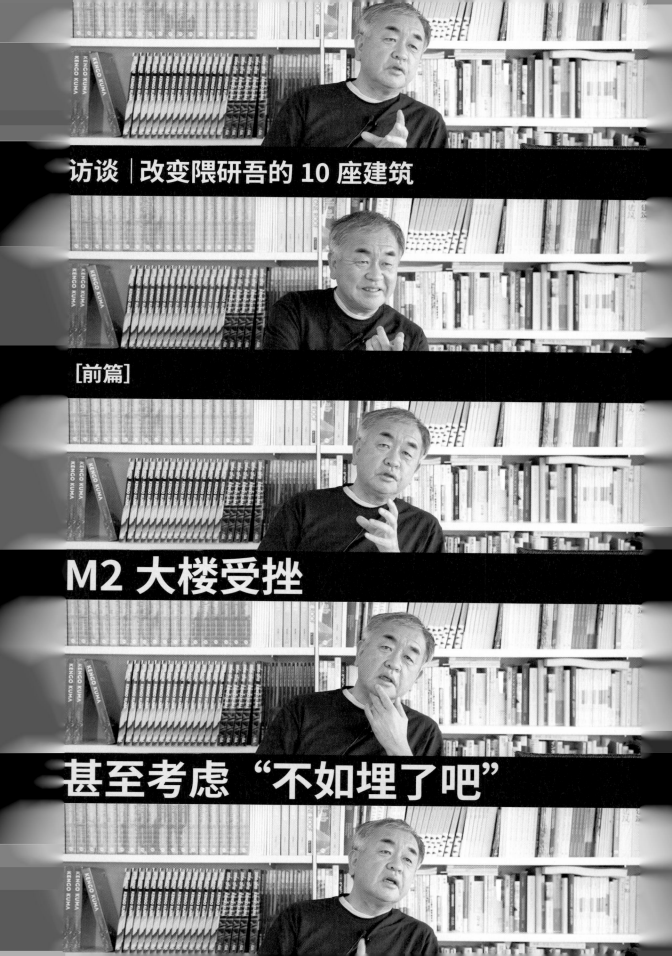

访谈｜改变隈研吾的 10 座建筑

[前篇]

M2 大楼受挫

甚至考虑"不如埋了吧"

在隈研吾的建筑设计中，

不会有"仅此一次的挑战"。

这次挑战之后，

一定会有下一次挑战。

在曲折前进的过程中，

不知何时，

便会产生跨越式的突破。

在采访隈研吾时，

我们共同选出了，

称得上"隈氏转折点"的

10 座建筑。

发问者：宫泽洋

___**首先，想请您谈谈对本书的整体感受。**

● 我自己写书或写文章的时候，通常会聚焦一个主题。如果以这本书来说，我要写"沉稳系"，那我就只收集"沉稳系"的资料。为了保持作为作者的主体性，我不得不舍弃主题外的内容。但这本书不一样，它以一个囊括性的俯瞰视角展示我的多面性。或者说，这本书所聚焦的主题就是我的多面性。我以前从没有这样想过，感觉很新鲜。

● 另一方面，这本书没有停留在多面性的表象，而是进一步挖掘它们背后的普遍性。不仅描绘了具体细节，体现了作品的多样性，同时提取其中不变的要素，总结出"隈氏特色"，这一点很有意思。

● 如果从理论的角度对这些多面性和普遍性再进行深挖，说不定又能提升到新的高度。但这本书的主打特色是视觉上的手绘解说，一方面稍微涉及理论的深入探讨，

卷首"隈氏建筑"进化图

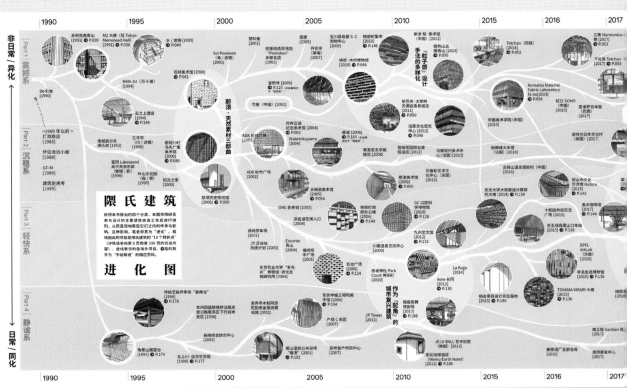

另一方面又停留在"看看图就好了"的表面描绘，这种矛盾的碰撞也很值得玩味。我个人觉得这本书的表现方式和解说模式很协调。

___谢谢您的精彩点评。您对本书的四个分类（"震撼系""沉稳系""轻快系""静谧系"）有何看法呢？我尤其关注了"轻快系"，因为我觉得知名建筑师一般不怎么投身这个领域，但您在这十年间，打造了不少"轻快系"的优秀作品。所以，我很想听听您对这些分类的见解。

● 这本书提到的"轻快系"，我自己平时叫它"慵懒系"，慢吞吞、懒洋洋的建筑。我是在有意识地参与到这个领域中的，所以你能关注到这一点，让我眼前一亮。

___果然是这样。

● 以往的建筑师很少插手的领域，我在有意识地涉及。那个领域明明有需求，之前的

隈研吾（くま けんご）

隈研吾建筑都市设计事务所主创人员，东京大学特别教授。

1954 年生，1979 年在东京大学完成硕士学业，1987年设立空间研究所，1990 年设立隈研吾建筑都市设计事务所，2008 年设立隈研吾欧洲公司，2009 年在东京大学担任教授，2020 年 4 月起在东京大学任特别教授。

建筑师们却总是推却，而我是积极走进那个领域。在本书中写道"这类项目一般由地方的设计事务所或大型设计事务所负责"，我一想，还真是这样，尤其是地方上的设计事务所。

___建筑师一般以"震撼系"或者"沉稳系"建筑来打造名声，立稳脚跟后就很少再拓展领域了。您说的"慵懒系"，也就是我提的"轻快系"，积极投身这个领域的知名建筑师，也就只有伊东丰雄先生了吧？

● 伊东先生好像是在"311 大地震"后开始有意识地投身"慵懒系"建筑设计的，但其实他本人一点儿也不慵懒。如果实地去考察也会发现，他的"慵懒系"建筑慵懒得不怎么彻底。

___好像确实有这种感觉。

● "慵懒系"建筑号称"慵懒"，但非常考验设计师的功力。

___这一点我在本书的解说部分也多次提到。那我们就此切入访谈的正题吧，聊聊您的"10个转折点"。之前请您预先选出了 5 座建筑，加上我选出的 5 座，我们按照它们的竣工先后来谈谈您这 10 件作品吧。您的作业完成得怎么样？

● 我的 5 座建筑已经选好了。

___这是我选出的 5 件作品。啊，只有石材美术馆是重合的。那我只需要再添上一个备选建筑就可以了。这些就是我们今天要讨论的主角。

不能慵懒地设计"慵懒系"

隈研吾自荐的 5 个转折点

宫泽洋精选的 5 个转折点

● 真的，几乎没怎么重合，这很有意思。

No.01   10 个转折点

M2 大楼
（现 Tokyo Memolead Hall）
[1991 年｜ ⊃ P.036]

先接受要求
再另谋出路

___那我们从时间最久远的 M2 大楼说起吧。我先来说说我选它的理由。很多人都说 M2 大楼几乎是另一个人设计的。我估计说这些话的人都被大楼正中间的爱奥尼克柱吸引了，却没有看到外墙的切割方式和空间的塑造形式都和如今的"隈式建筑"一脉相承。虽说根基并没有变，但由于那标志性的爱奥尼克柱遭到强烈批判，所以您开始探索其他的建筑表达方式。从这个意义上说，M2 大楼是一个很重要的转折点。您看我的这一选择是否有道理？

● 确实，我也能体会到你说的"一脉相承"。至于"承"了什么，我现在一时无法用语言具体表达出来，可能有点儿像作家的写作风格。M2 大楼的委托方给我提的要求是"带有欧洲传统风格"。委托方中有很多人曾经通过赛车的形式周游过欧洲，感性被磨砺得十分敏锐。他们觉得日本最近的建筑有些浅薄。

● 我也有同感，所以接受了这项委托。但与此同时，我觉得当时的后现代建筑已经过时了，例如迈克尔·格雷夫斯（美国建筑师，1934—2015）的样式。我想消除那种美国式的虚假感，想通过彻底碎片化的设计来打造现实感。如果我是作家，那我的风格大概就是追求现实感。我在接受某

用断面来增强物质感

受它，这是我一直以来的设计偏好。

___"尖锐"又是指什么呢？

- 是那种尖刺一样的感觉。例如，角川（所泽樱花城的角川武藏野博物馆，2020）就是一个典型的例子。它整体是用石头覆盖的，但是观者可以看到石头的断面，会感到石材是向自己"刺"过来一样。设计M2大楼的时候，我也想让各种建材展现尖刺的感觉，所以加上了断面。

___原来是这样，M2大楼的确有很多看起来像是切下来又贴上去的断面，似乎还丰富了观感。

- "废墟"也是后现代主义的表现手法之一。例如，矶崎（建筑师，1931—）先生的"废墟"就是视觉上的废墟。我是要通过断面来展现视觉上的物质感。

___如今想想，后现代主义时期的代表性建筑里，有矶崎先生的筑波中心大厦（1983），然后就是您的M2大楼。当时，M2大楼受到了很多批评吗？您经常说，"它落成后的十年里，我在东京完全接不到委托"。我不记得M2大楼被如此贬低过……

- 被猛烈批判过。我和伊东（丰雄）先生交谈的时候，遭到了相当猛烈的批判，不知道最后的报道中保留了多少。矶崎先生也没少批评。M2大楼竣工的时候，后现代主义在日本已经进入尾声。就是因为矶崎先生对M2大楼的严厉指责，我才考虑要从后现代主义中巧妙脱身。

个地区的委托时，就想让作品与当地的环境或传统相辅相成。面对委托方的要求，我的立场是"不戴虚假的面具""赋予作品以现实感"，这一立场始终没变。

___委托方当时的要求是欧洲的传统设计吗？

- 是的。听到这个要求，很多人的第一反应大概是反驳。例如，现代主义的建筑师安藤（忠雄）先生或者槙（文彦）先生，他们一定会当即提出反对意见，"不能这样来吧？"但我一般先接受对方的要求，然后为了获得我所追求的现实感，再从别的地方谋出路。

___您所说的"现实感"是指什么呢？

- 应该是一种"尖锐"的感觉和"洞窟"的氛围。M2大楼的正中间是不是有一个像洞窟一样的洞？那个洞和广重美术馆（那珂川町马头广重美术馆）中前后贯通的洞是一个道理。V&A邓迪美术馆也是如此。

___您这么一说，好像确实是这样。

- 重点就是"洞窟"和"尖锐"。洞窟的氛围是让人融入其中、包裹其中。和观看影像那种距离感不同，洞窟是让你走进去感

No.02

10 个转折点

龟老山展望台
[1994 年 | ➔ P.174]

虽然埋起来了
但也不是百分百满意

___接下来是 1994 年完工的龟老山展望台。我之前只在照片上见过，这次为了写书而跑去一看，的确是很出色的建筑。阶梯状空间像迷宫一样有趣，游客几乎不会落下任何一处景观。这座建筑没有"外形"，只有"空间"。很多建筑师都致力于让建筑"消失"，但很少有这样成功的案例。

● M2 大楼饱受批判，给我留下了心理阴影，之后就转向了这本书提到的"沉稳系"。怎么才能让一座建筑"沉稳"呢？很难入手，我最初只有一个想法，就是把建筑用土埋起来，把建筑的那种突兀感抹掉。矶崎先生和黑川纪章（建筑师，1934—2007）先生那一代设计师的显著特征是用建筑来体现政治和经济的力量，用建设公共基础设施来拉动经济增长。我非常不喜欢那种彰显力量的建筑。为了抹除它，我首先想到的就是"埋起来"，所以就有了龟老山展望台。

___这座建筑给我的观感是非常棒的，您作为设计者的感受如何？过不过瘾？

● 相当过瘾，毕竟一直想"埋"点儿什么。我上学时候的设计作业就总是把能"埋"的都"埋"起来，无论需不需要。这次终于真的"埋"了，有一种夙愿得偿的快感。

● 不过另一方面，我开始在意"余下"的钢筋水泥的质感，毕竟总有些东西没能"埋"起来。例如，龟老山展望台的桥就明晃晃地展示着水泥质感。

___我倒是没觉得水泥的印象有那么明显。

● 是因为我格外在意，那段时间连看见水泥都觉得讨厌。虽说实现了夙愿，但也不是百分之百满意。所以，从那时开始考虑别的建筑样式。

___我去的时候，展望台真的很热闹。游客互相都能看到，看到别人在走，自己也就不自觉地不肯停下脚步。

● 我知道。你刚刚说阶梯状空间很有意思，但我觉得这份热闹主要来源于中间的"中空"部分。隔着中空部分看到其他人在走，自己也就想往前迈步。这一点和后来的 Aore 长冈（2012）是相通的。Aore 长冈中有巨大的中空部分，中空周围熙熙攘攘，人们可以互相交换视线。设计龟老山展望台的时候我只是无意中使用了这种方法，从 Aore 长冈开始就是有意识地去实施这种方法论了。

没想到竖起来如此合适

那珂川町马头广重美术馆

[2000 年 | ➋ P.086]

从叶山文化园开始的竖直型木格栅

___下一个是您挑选的广重美术馆（2000），能不能请您先说说理由？

- 龟老山展望台之后，我在海外的竞标活动中也拿出了一系列"埋起来"的方案。森舞台（传统艺能传承馆，1996）就属于这个系列，它的展览室和演员休息室是"埋"起来的，上面是观众席。

- 不过，"埋"方案大多没有通过。一方面花费比较大，另一方面委托方并不想让自己的建筑被"埋"起来。所以我就开始想，

有没有什么别的让建筑"消失"的方法呢？

- 木格栅或者木百叶，在石材美术馆也有应用。但我最早使用竖直型的木格栅，是在广重美术馆之前的叶山文化园（会员制交友俱乐部，1999，照片见右页）。

___森舞台使用的是水平型的木百叶，对吧？

- 没错。叶山文化园的要求是"低成本、木质感的客房"，我的第一个想法是采用水平型的木格栅。不过，那里用地面积小，周围树木多，我就想着，要不把木格栅竖起来试试。我在那之前很排斥竖直型的设计，因为现代主义大多给人水平型的印象，我觉得水平木格栅更能让建筑"消失"。不过，竖起来一看，意外的合适，一下子就"沉稳"下来了。那种小尺寸的木百叶比较便宜，可以满足委托方低成本的要求。

- 太鼓法蒙纸的障子门也是在那里首次使用的。所谓"太鼓法"，就是用纸把障子门的框架糊起来，不露出木框。这种方法

叶山文化园（Wood/Slats）。1999年3月竣工。

策划：北山孝雄；设计：隈研吾；木结构2层，局部3层；总面积612.51㎡（拍摄：大石一男）

的性价比非常高。如果露出木框，万一木材的质地或者木匠的手艺达不到要求，那就会显得很廉价。而太鼓法，就能把重点转移到纸的质感上。

___您刚才提到，叶山文化园的竖直型木格栅是为广重美术馆埋下了伏笔？

● 是的。广重美术馆的要求是体现歌川广重的特色。前面说了，我不违背委托方的要求。为了体现广重的特色，我采用了悬山式屋顶。不过，普通的"地区振兴"类建筑都是瓦片屋顶搭配白石灰墙，我不想局限于此，要寻找更有现实感的表达方式。

为此，就用木百叶覆盖了整体建筑物。

___连屋檐都是木百叶的，我觉得这是一项大发明。

● 外墙已经铺上木百叶了，屋顶要是用瓦片或者金属板就总显得不搭配。所以，就干脆全用木百叶裹起来了。

No.04　　　　　　　　　　　10 个转折点

石材美术馆

[2000 年 | ➜ P.042]

与石头的一番较量
打开了素材的新大门

___接下来是我们唯一同时选中的建筑——石材美术馆。它和广重美术馆一样，都是 2000 年竣工的。您为什么选择这件作品？

● 经历了石材美术馆后，我对"自己动手"这件事情来了兴致，开始花更多的精力制作展览用的临时建筑。这些建筑不怎么会登上杂志，而且因为是临时的，所以也没有被收录本书中，但它们是我的职业生涯的重要组成部分。我经常和学生们一起亲手处理建材，完成后在海外的展会上进行展览。

● 2000 年后投身于临时建筑，这对我来说是一个重要的转折点，而契机正是石材美术馆。如果再往前追溯源头，应该是我开始在学校任教。

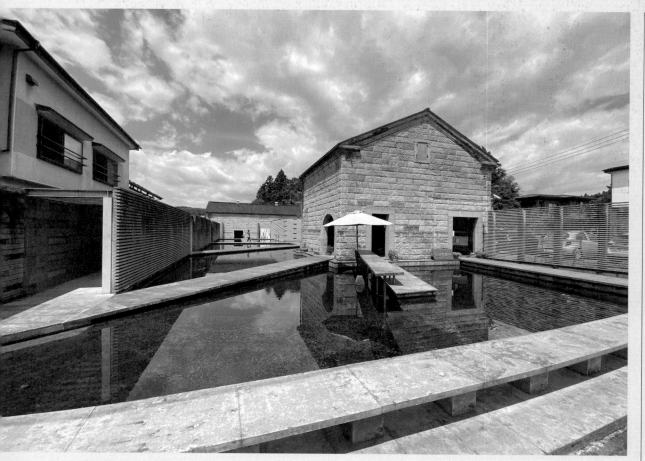

___起初您是在庆应义塾大学教课吧？

● 大致来讲，庆应 10 年，东大 10 年。在庆应的时候起初是讲师，2001 年有了自己的研究室。一旦有了研究室，就不想再单纯"从上往下"给学生灌输知识了，而是想和学生一起做些什么。我在学生时代曾经和原广司（建筑师，1936 年—，曾设计京都站大楼等）先生一起进行过聚落（人类聚居和生活的场所）调查，受益匪浅，所以自己也想尝试这种教学方式。

● 在用临时展览建筑做实验的过程中，我得以挑战各式各样的材料。就是从那时起，我开始尝试以往从没应用于建筑的、乍一听稀奇古怪的材料。

● 可以说，有了研究室，我就有了试验场。但如何挑战新材料呢？我是从石材美术馆的项目中学会的。我当时和石匠们一起冥思苦想，就想这个石头该怎么用，一边动手做，一边动脑想。这么一来，我就推开了材料的"新大门"。要知道，我以前一直对石材敬而远之。

___您此前不愿意在建筑中使用石材吗？

● 我之前总觉得石头建筑显得虚假，是后现代的那种虚假，大概是由于通常做法是在水泥上铺一层薄薄的石片。我不想走这种路子，想让石头体现出它的现实感。而这种现实感，在石材美术馆中实现了。

___我去石材美术馆实地考察的时候，那里正好有您的石材建筑展览。我还看到了您写的寄语，感触颇深。您提到，"一个建筑师，最重要的资质就是不埋怨别人"（全文敬请参照右页）。

● 我写了什么来着？啊，确实，好像写得挺好的。

___您对石材的处理方式自不必说，与此同时，我

和石匠一起冥思苦想

石材美术馆展出的隈氏寄语

我经常和我们事务所里"不成器"的成员们提起石材美术馆的事情。"不成器"的成员是指把所有错事都怪在别人头上的人，是那些整日哀叹"委托人不懂审美""主办方没钱""为什么总把没钱、没意思的任务分给我"的人。我经常想，一个建筑师，最重要的资质就是"不埋怨别人"。

为什么这么说呢？因为在设计建筑的时候，如果把原因推给别人，那简直就是没完没了，永远能够找到埋怨别人的理由。预算、法律、审美……这个清单可以无限延长。建筑师需要做的是什么？不是去挑别人的毛病，而是无论条件有多么艰苦，都以一种拼尽全力的"疯狂"姿态，去思考自己能够通过建筑这一介质留下什么。

面对那些只会怪罪别人的"大少爷"们，我经常拿石材美术馆举例。这么说很对不起委托人白井先生，但条件如此恶劣的项目还真不常见。"请改造我们的旧米仓""但是没有钱""不过，我们的老石匠你可以随意派遣"。我就是这么被白井先生忽悠着上了船。4 年的时间里，我和两位老石匠，对着从白井先生的采石场拿到的石材冥思苦想、多方摸索，最终用石材打造了谁都没尝试过的细节，修建了谁都没见过的石头建筑。我常对同事们说，和这场苦战比起来，你们负责的项目简直是"闪耀着天国玫瑰色"的任务。

完成石材美术馆之后，我也多次和白井先生并肩作战，尝试过形形色色的石材。以此为契机，我对建材的选择大幅扩展，向各种各样的建材发起挑战。但与白井先生同进退的 4 年时间里，我学到的是挑战的态度，那就是不去埋怨别人。

隈研吾建筑都市设计事务所供图

我觉得您对周围环境的利用也很精彩。整座建筑直面大道，两侧矮墙衬托着左右民居的二楼。您为什么会有这样的构思呢？

- 没钱！这是一切的源头。如果有钱，我应该不会让建筑对着道路门户大开。矮墙也是为了省钱，无法把二层的部分全遮起来。不过，我后来觉得这样也挺好，从某种意义上来说算是借景了，而且不是通常意义上的"借美景"。四周谈不上什么美景，但给它加上几条"辅助线"之后，就能变成挺好的景色。

- 在设计"水／玻璃"（1995）的时候我也用了辅助线，不过那里的辅助线对应的是海景，所以属于"借美景"的范畴。与此相对，石材美术馆的矮墙属于因为辅助线很美，所以借来的普通景色也显得美。此前的建筑师大概很少尝试这种反向做法。

竹屋

[2000 年｜中国]

在海外发现
自己的"包容性"特质

___接下来是您选的"竹屋"。这座建筑在中国，我没去看。您认为哪些地方是转机呢？

- 首先，这是我首个真正在海外建成的作品。从 20 世纪 90 年代起，我收到了不少海外的委托，但第一个建成的是"竹屋"。可以说，它确定了我在海外的发展模式，让我掌握了与海外各方的合作方法。

- 我的海外项目与安藤（忠雄）先生的海外

项目正好相反。安藤先生的清水混凝土极为精细，他在海外也能达到那种精细程度，很了不起。我就完全相反。我通过"竹屋"探索了海外那种不精细的粗糙感的表现方式。

___从照片来看不粗糙啊？

- 从全景照片中看不明显，走近你就会看到非常参差。

- 其实在设计这座建筑之前，我在日本用竹子建过民居。当时并没有登上杂志，我是把竹子掏空注入混凝土，以此作为房屋的支撑体。

___这样的结构能通过日本的建筑物认证评估吗？

- 混凝土中插入了角铁，作为钢结构通过了认证。混凝土主要起防止屈曲的作用。

- 当时费了很大力气才成功，但出现了别的情况，所以没能登上杂志。我很不甘心，想再用竹子试一次。就在这个时候，接到了中国的委托。我就想趁这个机会，用竹子建一座类似的建筑物。之前修建的日本民居规模太小，"竹屋"是它的横向扩大版。

___"竹屋"也是竹子里面有混凝土吗？

- 有，但不是把竹子掏空灌进去的，而是在混凝土的表面包裹了竹片。

___那就可以省很多力气。

- 但没想到的是，开工后拿不到笔直的竹子。竹子是弯的，而且完全不是指定的60mm 粗细。常驻工地的员工跟我说，"隈先生，出大麻烦了！"我就赶紧飞过去看。

- 不过，实际一看，虽说竹子不直且粗细不一，但和当地的氛围意外很搭。所以我就跟员工说，"挺有意思的，就用它们吧。"

___所以您才说，学到了在海外的合作方式。

- 没错，平稳过渡。如果是伊东（丰雄）先生或妹岛（和世）先生的作品，哪怕玻璃

从框里只是偏离分毫，那就不是他们的作品了。如果安藤先生的清水混凝土有了瑕疵，也就不是安藤混凝土了。

- 我在"竹屋"的工地优先考虑了温和的应对方式，不想有冲突。后来转念一想，没准儿这种"包容性"本就是我的特质。哪怕有些偏差，成品也依然是"隈氏建筑"。那我要是把这种包容性进一步拓展，不就更是"隈氏建筑"了吗？

___厉害，您竟能如此客观地剖析自己。

- 所以说，这是我的一个转折点。很多建筑师都认为成品必须与图纸丝毫不差，盖里（弗兰克·盖里，美国建筑师）就打破了这一定律，他让世人看到，凹凸不平的波纹壁比中规中矩的建筑物更拉风。

- 不过，盖里成名之后，手里的预算更充裕，反倒回到中规中矩的路上了。例如西班牙的毕尔巴鄂古根海姆美术馆就是规规矩矩的，没有了他在美国洛杉矶（盖里曾于20世纪八九十年代在洛杉矶设计住宅）的那种感觉。

剩余 5 件作品请见后篇（第 196 页）

"震撼系"

隈研吾的信念：将建筑的大门向全社会敞开

—

无论你对建筑有无兴趣，只需要一眼，便为之震撼。

—

这是隈研吾 37 岁时的事业首秀——

M2 大楼（1991）。

西方建筑史上的诸多要素，

在这座大楼的外观上汇聚、杂糅，

称得上是日本"后现代建筑"的代表性作品。

—

不过，哪怕你从没听过这些建筑的背景故事，

也会禁不住对这座大楼多瞟几眼，

这就是隈研吾的信念所在。

"绝不设计只有专业人士才能欣赏的建筑"

"敞开建筑的大门"。

—

第一部分取名"震撼系"，

收录了最能体现隈氏设计信念的建筑，

无论是谁都会为之震撼的建筑。

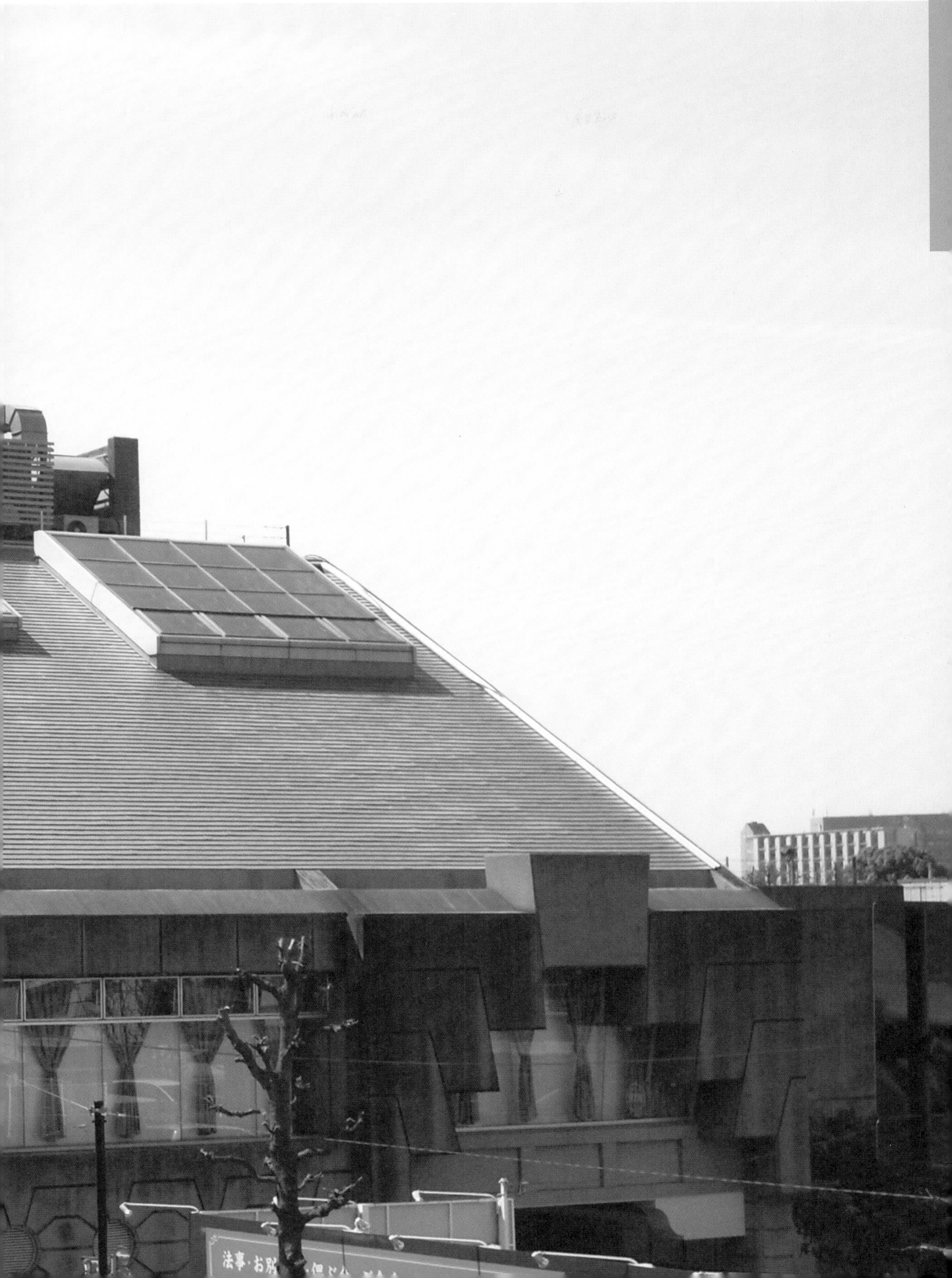

此处的建筑名称原则上优先展示竣工时的名称。对于原有名称不为人所知的建筑，则优先展示现有名称。

"—"意为未公开信息或信息不明。

---

01 | **M2 大楼**（现 Tokyo Memolead Hall）

➡ 图解请见 P.036

地址：东京世田谷区砧町 2-4-27	
委托方：马自达汽车公司	
设计方：隈研吾建筑都市设计事务所	
建筑结构及设施设计：鹿岛	
施工单位：鹿岛	
建筑结构：钢筋混凝土及一部分钢结构	
层数：地下 1 层 + 地上 5 层	
总面积：4482.15 m²	
设计工期：1989 年 10 月—1990 年 5 月	
建设工期：1990 年 6 月—1991 年 10 月	
交通路线："千岁船桥"站步行约 12 分钟	

01-2 | **多利克南青山**

➡ 图解请见 P.039

地址：东京港区南青山 2-27-14	
委托方：—	
设计方：隈研吾建筑都市设计事务所	
建筑结构及设施设计：青木繁研究室｜设施设计：Gear 设计	
施工单位：东海兴业、日荣空调、广田电气	
建筑结构：钢筋混凝土｜层数：地下 1 层 + 地上 7 层	
总面积：1131.4 m²	
设计工期：1989 年 10 月—1990 年 4 月	
建设工期：1990 年 5 月—1991 年 9 月	
交通路线："外苑前"站步行约 3 分钟	

---

02 | **水／玻璃**（现热海海峰楼）

➡ 图解请见 P.040

地址：静冈县热海市春日町 8-33	
委托方：—	
建筑结构设计：中田捷夫研究室	
建筑设施设计：川口设备研究所	
施工单位：竹中工务店	
建筑结构：钢筋混凝土、钢结构	
层数：地上 3 层｜总面积：1125.19 m²	
总面积：4482.15 m²	
设计工期：1992 年 7 月—1994 年 3 月	
建设工期：1994 年 3 月—1995 年 3 月	
交通路线："热海"站步行约 8 分钟	

03 石材美术馆

➡ 图解请见 P.042

地址：栃木县那须町芦野2717-5	
委托方：白井石材｜设计方：隈研吾建筑都市设计事务所	
建筑结构设计：中田捷夫研究室	
建筑设施设计：MI设施顾问公司	
施工单位：石原工务店（建筑）、白井石材（石材加工）	
建筑结构：砖石结构、钢结构	
层数：地上1层｜总面积：527.57 m²	
设计工期：1996年5月—1999年12月	
建设工期：1997年12月—2000年7月	
交通路线："芦野仲町"站步行约1分钟	

04 梼原木桥博物馆（云顶画廊）

➡ 图解请见 P.046

地址：高知县梼原町太郎川3799-3	
委托方：梼原町	
设计方：隈研吾建筑都市设计事务所	
建筑结构设计：中田捷夫研究室	
建筑设施设计：Sigma设施设计工作室	
施工单位：四万川综合建设公司	
建筑结构：木材、局部钢框架、钢筋混凝土	
层数：地下1层＋地上2层｜总面积：445.79 m²	
设计工期：2009年8月—2009年11月	
建设工期：2010年2月—2010年9月	
交通路线："太郎川公园前"站步行约2分钟	

05 浅草文化观光中心

➡ 图解请见 P.048

地址：东京台东区雷门2-18-9	
委托方：台东区	
设计方：隈研吾建筑都市设计事务所	
建筑结构设计：牧野结构设计公司	
建筑设施设计：环境工程设计公司	
施工单位：Fujita·大雄特定建设工程共同企业体	
建筑结构：钢结构、局部钢筋混凝土	
层数：地下1层＋地上8层｜总面积：2159.52 m²	
设计工期：2009年1月—2010年1月	
建设工期：2010年8月—2012年2月	
交通路线："浅草"站步行约1分钟	

06 微热山丘

➡ 图解请见 P.050

地址：东京港区南青山3-10-20	
委托方：SunnyHills Japan	
设计方：隈研吾建筑都市设计事务所	
建筑结构设计：佐藤淳结构设计事务所	
建筑设施设计：环境工程设计公司	
施工单位：佐藤秀	
建筑结构：钢筋混凝土、局部木结构	
层数：地下1层＋地上2层｜总面积：293 m²	
设计工期：2012年1月—2012年10月	
建设工期：2012年11月—2013年12月	
交通路线："表参道"站步行约6分钟	

06-2 星巴克·太宰府天满宫表参道店

➜ 图解请见 P.050

地址：福冈县太宰府市宰府 3-2-43	
企业主：满天	
设计方：隈研吾建筑都市设计事务所、星巴克	
建筑结构设计：佐藤淳结构设计事务所	
施工单位：松本组	
建筑结构：木结构｜层数：地上 1 层	
总面积：210.03 m²	
竣工时间：2011 年 11 月	
交通路线："太宰府"站步行约 4 分钟	

07 Tetchan（阿铁）

➜ 图解请见 P.052

地址：东京武藏野市吉祥寺本町 1-1-2 Harmonica 巷内	
委托方：Video Information Center	
设计方：隈研吾建筑都市设计事务所	
施工单位：泷新	
建筑结构：木结构	
层数：地上 2 层	
总面积：31.18 m²	
设计工期：2014 年 3 月—2014 年 4 月	
建设工期：2014 年 7 月—2014 年 10 月	
交通路线："吉祥寺"站步行约 1 分钟	

07-2 下北泽 Tetchan（阿铁）

➜ 图解请见 P.053

地址：东京世田谷区北泽 2-1-5	
委托方：Video Information Center	
设计方：隈研吾建筑都市设计事务所	
施工单位：泷新	
建筑结构：—	
层数：地上 2 层	
总面积：98 m²	
竣工时间：2017 年 6 月	
交通路线："北泽"站步行约 3 分钟	

07-3 Harmonica Mitaka 三鹰

➜ 图解请见 P.053

地址：东京武藏野市中町 1-5-8	
委托方：Video Information Center	
设计方：隈研吾建筑都市设计事务所	
施工单位：泷新	
建筑结构：钢筋混凝土	
层数：地上 1 层	
总面积：308 m²	
竣工时间：2017 年 10 月	
交通路线："三鹰"站步行约 2 分钟	

08　**Komatsu Material Fabric Laboratory fa-bo**（原小松精炼公司）

图解请见 P.054

地址：石川县能美市浜町 167 Komatsu Material 工厂内

委托方：Komatsu Material（原小松精炼公司）

设计方：隈研吾建筑都市设计事务所

建筑结构设计：江尻建筑结构设计事务所

建筑设施设计：环境工程设计公司

施工单位：清水建设

建筑结构：钢筋混凝土

层数：地上 3 层│总面积：2873.42 m²

设计工期：2013 年 8 月—2014 年 11 月

建设工期：2015 年 2 月—2015 年 11 月

交通路线："能美根上"站步行约 24 分钟

08-2　**九谷 Ceramic Laboratory**（CERABO KUTANI）

图解请见 P.057

地址：石川县小松市若杉町 91

委托方：石川县九谷窑元工业合作组织

设计方：隈研吾建筑都市设计事务所

建筑结构设计：江尻建筑结构设计事务所

建筑设施设计：环境工程设计公司

施工单位：Token Link

建筑结构：木结构│层数：地上 1 层

总面积：624.26 m²

竣工时间：2019 年 5 月

交通路线："小松"站驾车约 10 分钟

09　**日本桥三越百货总店**（改建工程）

图解请见 P.058

地址：东京中央区日本桥室町 1-4-1

企业主：三越伊势丹

设计方：隈研吾建筑都市设计事务所（环境设计）

Lighting Planners Associates 面出薰事务所（照明设计）

施工单位：三越伊势丹 Property Design

建筑结构：钢筋混凝土

层数：地上 7 层（改建 1 层部分）

改建面积：5237.9 m²

竣工时间：2018 年 10 月

交通路线："三越前"站步行约 1 分钟

10　**星巴克臻选・东京烘焙工坊**

图解请见 P.060

地址：东京目黑区青叶台 2-19-23

委托方：Starbucks Coffee Japan

设计方：隈研吾建筑都市设计事务所（建筑）

Starbucks Design Studio（室内装潢）

建筑结构设计：奥雅纳（ARUP）

建筑设施设计：奥雅纳（ARUP）

施工单位：鹿岛（建筑）、乃村工艺社（室内装潢）

建筑结构：钢框架、局部钢筋混凝土

层数：地下 1 层＋地上 4 层│总面积：3186.78 m²

建设工期：2017 年 8 月—2018 年 12 月

交通路线："池尻大桥"站步行约 14 分钟

11 Shibuya Scramble Square 一期（东栋）

➡ 图解请见 P.062

地址：东京涩谷区涩谷 2-24-12

企业主：东急、东日本旅客铁道、东京地铁

管理方：Shibuya Scramble Square

设计方：涩谷站周边整备计划企业合作组织（日建设计·东急设计咨询公司·JR东日本建筑设计·地铁开发）

建筑设计：日建设计（东栋高层）、隈研吾建筑都市设计事务所（东栋低层、都市回廊 URBAN CORE）、SANAA 事务所

施工单位：涩谷站街区东栋新筑工事合作组织（东急建设、大成建设）

建筑结构：钢结构、钢筋混凝土、钢骨钢筋混凝土

层数：地下 7 层＋地上 47 层

总面积：181000 m²

设计工期：2011年 11 月—2014年 5 月

建设工期：2014年 6 月—2019年 8 月

交通路线："涩谷"站即到

12 东京新国立竞技场

➡ 图解请见 P.064

地址：东京新宿区霞丘町 10-1

委托方：独立行政法人日本运动振兴中心

设计方：大成建设·梓设计·隈研吾建筑都市设计事务所合作组织｜施工单位：大成建设

建筑结构：钢结构、局部钢骨钢筋混凝土、钢筋混凝土（屋架：木材与钢骨）、结构振动控制装置

层数：地下 2 层＋地上 5 层｜总面积：192000 m²

设计工期：2016年 1 月—2017年 1 月

建设工期：2016年 10 月—2019年 11 月

交通路线："千驮谷"站或"信浓町"站步行约 5 分钟，或者"国立竞技场"站步行约 1 分钟

13 GREENable HIRUZEN
（原 CLT PARK HARUMI）

➡ 图解请见 P.068

地址：东京中央区晴海 3-2-15

（新址：冈山县真庭市蒜山上福田 1205-220）

企业主：三菱地所（后改为真庭市）

设计方：三菱地所设计

隈研吾建筑都市设计事务所（设计监理）

建筑结构设计：江尻建筑结构设计事务所（合作）

施工单位：三菱地所HOME（新址施工由梶冈建设·三木工务店特定建设工程合作组织负责）

建筑结构：木结构（CLT 板材）、钢结构

层数：地上 1 层（展亭）＋地上 2 层（展馆）

总面积：600 m²（展亭）＋985 m²（展馆）

竣工时间：2019年 12 月（新址 2021年 7 月开放）

交通路线：从"JR 冈山"站乘坐中铁巴士或真庭市社区巴士等公交车约 3 小时

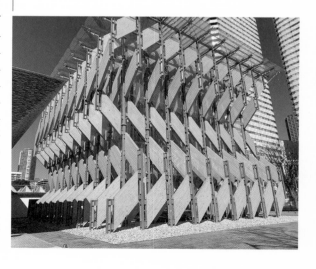

14	皇家经典大阪酒店

地址：大阪市中央区难波4-3-3

委托方：Bellco

设计方：隈研吾建筑都市设计事务所（设计监理）
　　　　鹿岛（协助设计监理）

建筑结构及设施设计：鹿岛｜施工单位：鹿岛

建筑结构：钢结构、局部钢筋混凝土

层数：地下1层＋地上19层

总面积：26490.85 m²

设计工期：2014年4月—2016年4月

建设工期：2016年6月—2020年1月

交通路线："难波"站即到

➡ 图解请见 P.070

15	所泽樱花城

地址：埼玉县所泽市东所泽和田3-31-3

委托方：KADOKAWA、角川文化振兴财团

设计方：鹿岛（建筑）、隈研吾建筑都市设计事务所（监理）

施工单位：鹿岛（建筑）、白石建设（神社）、丹青社（角川武藏
野博物馆内部装修）

建筑结构：钢结构、钢筋混凝土、钢骨钢筋混凝土

层数：地下2层＋地上5层｜总面积：87433.71 m²

设计工期：2014年11月—2018年1月

建设工期：2018年2月—2020年4月

交通路线："东所泽"站步行约10分钟

➡ 图解请见 P.072

（拍摄：KADOKAWA）

01 吞纳西洋建筑理念

M2 大楼 (现 Tokyo Memolead Hall)

震撼系	东京世田谷区砧町 2-4-27；到达小田急线"千岁船桥"站后步行约 12 分钟即到
敦实厚重	
1991 年	地下 1 层＋地上 5 层／4482.15m²

它本是马自达汽车公司第二品牌 M2 的公司总部，其外观多处借鉴西洋建筑理念，与隈研吾的当前风格截然不同，给人以敦实厚重的观感。2003年, Memolead公司将这栋大楼买下并改造为殡仪馆。

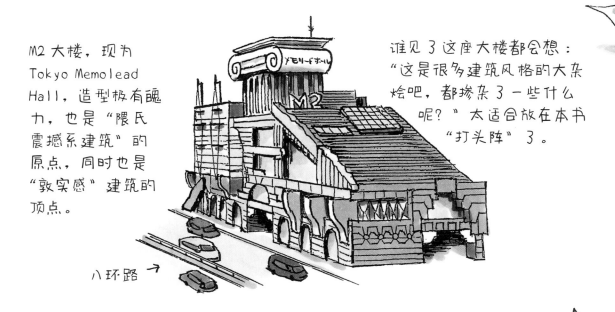

M2 大楼，现为 Tokyo Memolead Hall，造型极有魅力，也是"隈氏震撼系建筑"的原点，同时也是"敦实感"建筑的顶点。

八环路 →

谁见了这座大楼都会想："这是很多建筑风格的大杂烩吧，都掺杂了一些什么呢？"太适合放在本书"打头阵"了。

从古希腊到俄罗斯先锋派

首先，我们来看耸立在大楼中央的圆柱。让我想想，柱子顶部画圈圈的部分叫什么来着……

古希腊三大柱式

M2 大楼所用样式↓

多利克柱式

古希腊建筑的基本柱式。代表建筑有帕特农神庙等。

爱奥尼克柱式

公元前 5 世纪传入希腊。

科林斯柱式

诞生于希腊，后传至罗马。

玻璃外壁上悬挂的弓状装饰物借鉴了谁的设计？知晓答案的读者一定是不折不扣的建筑迷。

基座部分的砖石采用了夸张的拱石结构。

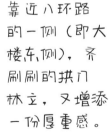

跨越 2500 年的敦实风格

正确答案

靠近八环路的一侧（即大楼东侧），齐刷刷的拱门林立，又增添一份厚重感。

伊万·列奥尼多夫的"人民委员会重工业部（苏联政府机构）"大楼设计竞标方案（1934），是苏联先锋派的代表性作品。

北侧灵活运用建筑材料的形状，巧妙处理墙体接缝，是不是很有变形金刚的即视感。

改造后的完美对接：
从一开始就是为 Memolead 设计的吧？

2003 年，Memolead 从马自达公司买下这座大楼，改为殡仪馆。四楼的大厅原样未动。玻璃墙映照下的古希腊式廊柱为场地增添了生死相隔的神秘感。

横断面图

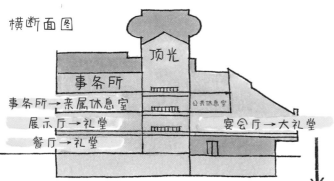

顶光

事务所

事务所→亲属休息室

公共休息室

展示厅→礼堂　　　　宴会厅→大礼堂

餐厅→礼堂

业务前台是 Memolead 新添加的设施。仔细一瞧，这里也采用了爱奥尼克柱式，细节好评！

二楼东侧的大礼堂，只是简单添加了祭坛和环形吊灯，就从宴会厅完美转换为告别礼堂，几乎无缝衔接。

Before

楼顶上的"M2"广告牌依然好好地立在那里。大楼都易主了，名号怎么不要呢？其实，这家殡仪馆是Memolead向东京拓展业务的第二家店面，所以也是M2（Memolead 2），这不巧了吗！

谈到M2大楼，就不能落下隈研吾的另一处设计，那就是1991年竣工的多利克南青山大楼。大楼共七层，在面向十字路口的一侧，巨大的多利克柱庄严矗立。

高大的多利克柱！

高大的多利克柱！

左图为奥地利建筑设计师阿道夫·路斯在参加《芝加哥论坛报》设计竞标时提交的方案（1922）。M2大楼的爱奥尼克柱和南青山大楼的多利克柱都可以看作对该方案的致敬。

"多利克南青山大楼"与阿道夫·路斯的设计方案更为接近，但它的实际观赏效果并未产生强大的张力。所以，要论谁能载入史册，还得是M2大楼。

爱奥尼克柱的顶部，从背面看像一块切开的棉花糖。

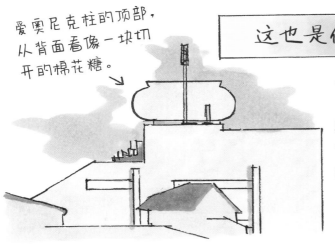

这也是借鉴？

去参观M2大楼，一定要绕到西侧看一看。会看到一无所有的墙壁！空荡到令人匪夷所思，哪怕只给柱子顶部装饰一下也好啊。莫非，这借鉴了后现代主义的概念？毕竟，"后现代主义＝表层的设计"。

建筑的详细信息敬请参见 P.030

02 看不见的建筑

水／玻璃 （现热海海峰楼）

震撼系	静冈县热海市春日町 8-33；到达 JR"热海"站后步行约 8 分钟即到
晶莹剔透	
1995 年	地上 3 层／1125.19m²

由玻璃全方位打造的透明休息室，如同浮于水面的晶莹露珠，从外部几乎看不到它的轮廓。隈研吾对建筑的思考由外转向内，这座玻璃厅便是这样的产物。它原本是某企业的迎宾馆，2010 年改为酒店。

1995 年刚竣工的时候，我曾来到此地采访。时隔 25 年，有再逢故人之感。这里当初是某企业的迎宾馆，现在已经成了酒店。

隈研吾称"水／玻璃"是对隔壁旧日向别邸厢房（1936 年由布鲁诺·陶特设计）的致敬。

主屋

旧日向别邸厢房

使用谷歌地图查看，它们的位置关系是这样的。

题外话：
布鲁诺·陶特（1880—1938）曾向世界推崇日本桂离宫的美丽。旧日向别邸厢房是其在日本设计的、现存的、唯一一座建筑。

这座厢房位于半地下，从外部无法看到。也就是说，它没有外观，只有内部，以及"窗框内的那片海"。

那么"水/玻璃"呢？在水景、玻璃、百叶窗的包裹下，"水/玻璃"隐去外形，成为透明的存在。隈研吾不想"框住"一片海，他要融入海。

玻璃休息厅位于"水/玻璃"的三楼南侧。我本以为它只是用来观赏的屋子，没想到还被用作餐厅。

椅子由玻璃和金属制成，超级重（约→20kg）！

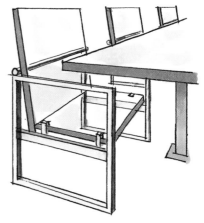

不过，这椅子也会让顾客对用餐经历印象深刻。

这座建筑的核心设计理念是注重人在建筑内部的观赏体验，它无疑标志着隈研吾的设计观的重大转变。而隈研吾又将这一转变归功于陶特，逝去的领路人依然在指明方向。

建筑的详细信息敬请参见 P.030

03 石材盛宴，一饱眼福

石材美术馆

震撼系	栃木县那须町芦野 2717-5；乘坐 JR 东北本线到达"黑田原"站后，改乘"关东自动车"公交车，约 11 分钟后在"芦野仲町"站下车，步行约 1 分钟即到
零零散散	
2000 年	地上 1 层／527.57m²

石材美术馆是"那须·天然素材三部曲"之一。隈研吾与各位石匠的构思推翻了多个建筑方案，终于将旧米仓成功改造为美术馆，其保持并充分利用了原本的零散空间，对隈研吾的设计观念产生很大影响。

很多人认为广重美术馆（位于栃木县那珂川町）标志着隈研吾设计观念的转变，但我认为石材美术馆更胜一筹。石材美术馆位于栃木县那须町，和广重美术馆相距约 35km。二者均在 2000 年竣工。

➡ 参看 P.086

首先，全景很棒！隈研吾在杂志上谈到这座建筑时，用词很低调，说是"整体轮廓乏善可陈""只是在原有的米仓周围建了一些矮墙"。不过，矮墙矮得很有艺术感，隔壁民房恰好露出屋檐，周遭建筑连成一片。

← 全景剪影甚至令人想起京都宇治的平等院凤凰堂。

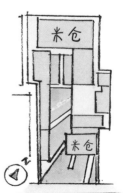

↑ 景观平面图

隈研吾原本想建高墙，以阻挡周围的噪声。但是预算有限，没办法，只能另寻他路。那就用两边的民居借景吧！
其实这是我的想象，隈研吾从没说过这些话。事实上，某杂志在对石材美术馆进行拍照宣传的时候，根本没有将两侧民居纳入取景框。

连周遭的声音也被纳入设计的范畴。

不知道是摄影师的决定，还是编辑的后期修剪……
所以说，建筑一定要去实地考察，才能看到实景！

把零零散散的米仓巧妙地连在一起。

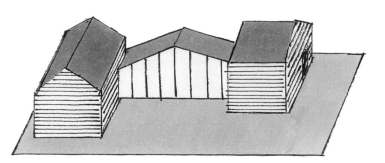

已知院子中有两座米仓，请问如何才能将它们连接起来？
一般都会想在两座米仓中间再建一座新建筑吧。 ⟶

但是，预算有限……
隈研吾一拍巴掌，"那就干脆把零散的东西打得更零散"
（这也是我的想象）。
最终，这里诞生了隈研吾口中的"群像造型"。这是隈研吾在建筑领域的新尝试和新思路。

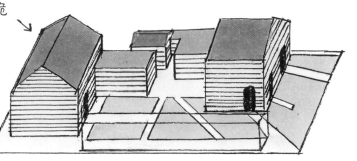

在两座米仓的内部，新添木材与原有木材相互呼应，营造出空间的动态美。

这些木材体现了厚重感，与广重美术馆形成鲜明对比。之后的"隈式木建筑"风格，应该是从这里的粗犷豪放发展起来的吧？

木材的天然魅力自由展现不加修饰。

木材的商标都可以看见！

1号陈列室的大梁采用欧松板，未经涂漆等加工修饰，帮助游客发现木材的独有魅力。

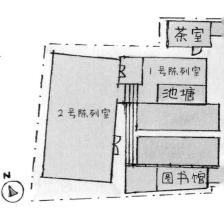

茶室

1号陈列室

池塘

2号陈列室

图书馆

N

首先，1号陈列室进行了"石块抽空"。

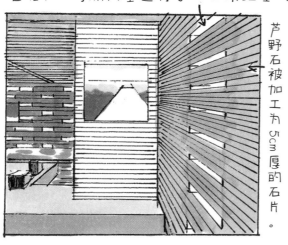

芦野石被加工为5cm厚的石片。

茶室里竖立着"斑斓石柱"。

白河石经不同温度的灼烧后，呈现出不同的颜色。

最令人震惊的是1号展览室，刚进去时，四周一片昏暗，可一旦眼睛适应了周围的光线就会看到这样的景象。为什么和1号陈列室大同小异？怎么可能，这里可另有玄机。

光线莫非……

这居然是大理石！是极薄（厚1cm）的大理石，像玻璃一样可以透光！

接下来，我们来看一看矮墙。乍一看平淡无奇，实则另有玄机。什么？我们靠近一点儿看看。

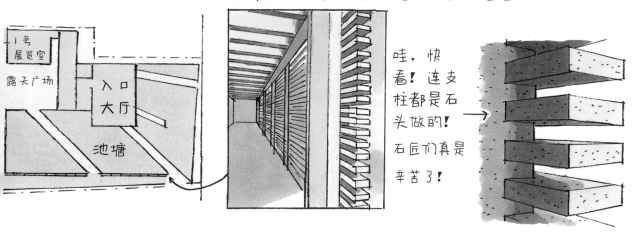

1号展览室

露天广场

入口大厅

池塘

哇，快看！连支柱都是石头做的！石匠们真是辛苦了！

石材的花样亮相，凸显孔洞的多重作用。

拿美食来打个比方，这一圈转下来，简直是品尝了从前菜到主菜再到甜点的全套石材盛宴。走出石材美术馆，不由得感叹，"承蒙热情款待，不会再看到更惊人的石头了吧？"
不过，看了这么多石头，我对"孔洞"的多种多样的利用方式印象更深刻。石格栅也是孔洞的一种，可以看作细长形的孔洞。隈研吾是不是也注意到了这一点呢？

➡️ 建筑的详细信息敬请参见 P.031

04 博物馆的土木风采

梼原木桥博物馆
（云顶画廊）

震撼系	高知县梼原町太郎川 3799-3；乘坐高知高陵公交车，在"太郎川公园前"站下车，步行约 2 分钟即到
层层叠叠	
2010 年	地下 1 层 + 地上 2 层／445.79m²

梼原木桥博物馆位于高知县梼原町，由桥栋和画廊两部分组成。桥栋采用悬挑式结构，将悬挑木层层叠加并延展开。这座建筑的结构设计由中田捷夫主导。2020 年，"隈研吾的小小博物馆"在此开放。

在杂志上看到相关介绍的时候，我冒出了一个又一个问号：桥？画廊？博物馆？怎么回事？桥怎么会是博物馆？

到现场一看，布局是这样的。

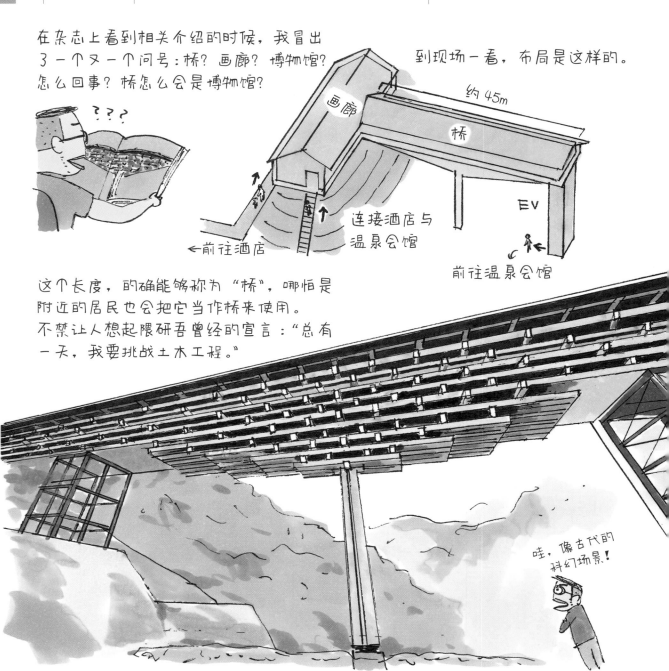

画廊

约 45m

桥

连接酒店与温泉会馆

←前往酒店

EV

前往温泉会馆

这个长度，的确能够称为"桥"，哪怕是附近的居民也会把它当作桥来使用。不禁让人想起隈研吾曾经的宣言："总有一天，我要挑战土木工程。"

哇，像古代的科幻场景！

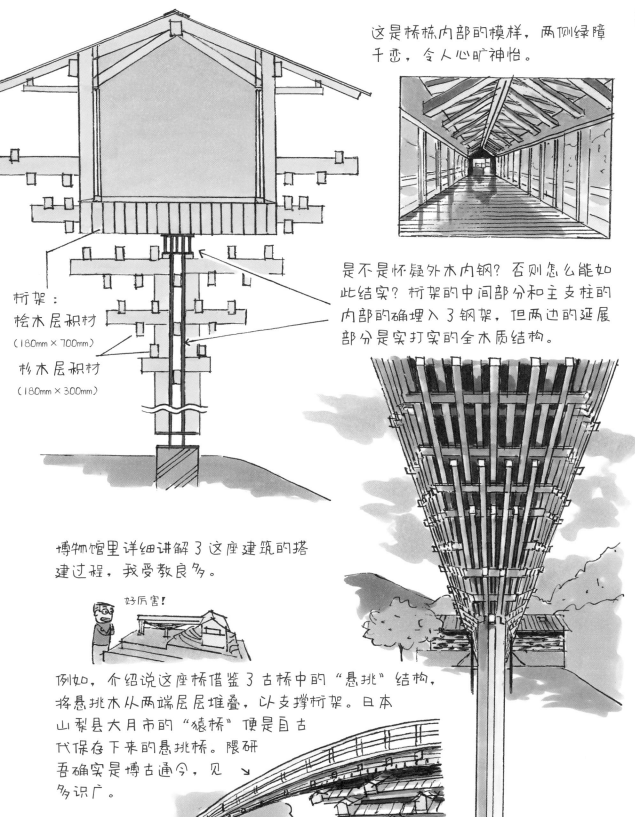

这是桥栋内部的模样，两侧绿障千恋，令人心旷神怡。

桁架：
桧木层积材
（180mm×700mm）

杉木层积材
（180mm×300mm）

是不是怀疑外木内钢？否则怎么能如此结实？桁架的中间部分和主支柱的内部的确埋入了钢架，但两边的延展部分是实打实的全木质结构。

博物馆里详细讲解了这座建筑的搭建过程，我受教良多。

好厉害！

例如，介绍说这座桥借鉴了古桥中的"悬挑"结构，将悬挑木从两端层层堆叠，以支撑桁架。日本山梨县大月市的"猿桥"便是自古代保存下来的悬挑桥。隈研吾确实是博古通今，见多识广。

建筑的详细信息敬请参见 P.031

05

凹凸错落影幢幢

浅草文化观光中心

震撼系	东京台东区雷门 2-18-9；到达东京地铁银座线"浅草"站
犬牙差互	后步行约 1 分钟即到
2012 年	地下 1 层 + 地上 8 层／2159.52m²

浅草文化观光中心直面浅草寺的雷门，主要提供台东区的旅游信息。它的主要结构是钢框架，却又让人觉得里面是不是藏了一座木建筑。各层的细微参差及屋檐的巧妙倾斜，让观者产生了"双重建筑"的错觉。

隈研吾不仅接受委托项目，也经常在设计竞赛中脱颖而出。浅草文化观光中心便是其中一例。见到这座建筑，我似乎明白他为什么能够获得诸多设计大奖。

① 明快的设计理念

小孩子见到这座大楼，大概会想："啊，房子摞在一起了！" 理念单纯，但颇具视觉冲击力。

② 日式风格

各层采用人字形屋顶，再配上木质的外墙百叶，很容易让人联想到日本传统的木结构建筑。

③ 最佳取景

站在顶楼瞭望台，只见雷门与浅草寺呈直线延伸，这个拍摄角度绝了！

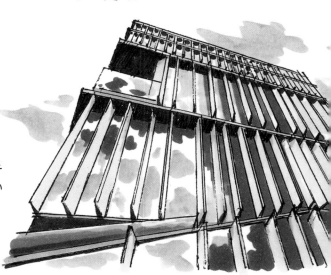

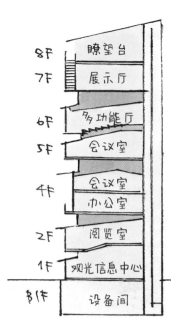

8F	瞭望台
7F	展示厅
6F	多功能厅
5F	会议室
4F	会议室 办公室
2F	阅览室
1F	观光信息中心
B1F	设备间

④ 合理性高于装饰性

2010年前后，不知为何，世界各地出现一批"房屋堆叠"的建筑物。

维特拉家居博物馆（2010）
设计师：赫尔·佐格&德梅隆

东京公寓（2010）
设计师：藤本壮介

和这些建筑物相比，浅草文化观光中心的外围悬空部分要少得多。它没有追求怪异造型，而是通过各层的巧妙交错来演绎"双重建筑"的效果。

各层的交错被控制在最小限度。隈研吾的设计前提是从建筑物的西北角（雷门所在方位）观赏，因此，大楼东面几近平坦。为了展示各层的错落参差效果，我用黑色来表现它们之间的缝隙，看起来竟有点儿像斑马的斑纹。

⑤ 夜景更妙

灯光布局让屋檐的倾斜和木质百叶的线条更加鲜明，萦绕着一股诡秘的气氛。不禁让人想起旧时浅草附近的吉原花柳街。

大楼没有给出任何吉原花柳街的相关字眼，观者却能自行联想到历史长河中的近似图景，这也是隈研吾的功力所在吧。

建筑的详细信息敬请参见 P.031

06

"地狱组装" 不只好看

微热山丘

震撼系	东京港区南青山 3-10-20；乘坐东京地铁银座线等到达"表参道"站后步行约 6 分钟即到
刀山剑林	
2013 年	地下 1 层＋地上 2 层／293m²

微热山丘是一家凤梨酥专卖店，虽说隈研吾平时在设计过程中多注重合理性（如性价比等），但这座建筑的施工难度比想象的还高，它应用了传统的"地狱组装"技法，由东京大学的佐藤淳负责结构设计。

店铺开业初期，这些"枝桠"很新，在阳光下闪闪发亮，仿佛是为某场演出搭建的舞台。现在七八年过去了，木条的颜色沉淀下来，变成巨大的"鸟巢"，或者富士电视台的这只吉祥物。

从 Prada 青山旗舰店向东、北方向走，约 5 分钟的路程。

不如说，这种木条组装模式是 GC 口腔科学博物馆（2010，下方左图）和星巴克太宰府店（2011，下方右图）的进化形态。

使用 6cm×6cm 的杉木棍进行 X 形组装。

所用木材是 6cm×6cm 的桧木棍，非常细！

使用 6cm×6cm 的桧木棍搭建起立体的格栅。

➡ 参看 P.128

GC 口腔科学博物馆

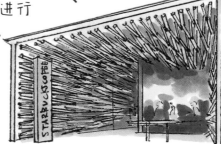

星巴克·太宰府天满宫表参道店

这座建筑让传统的"地狱组装"技法一夜成名。是不是觉得"地狱"二字取自这刀山剑林般凸出的枝杈？我也是这么想的，但通过查证，其实另有玄机。

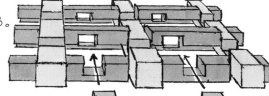

何为"地狱组装"？

〈 准备材料 〉

准备 10 根带有相吻合切口的木材，其中 8 根的切口深度占木材宽度的 2/3，2 根占 1/3。

〈 优势 〉 凹凸的切口互相吻合，因此连接稳固，不易变形。

可实现木材之间的无缝连接。

〈 组装① 〉 将 x 与 y-1 组合在一起。

〈 组装② 〉

将 y-2 穿过剩余缺口，进行细节调整后完成。

这座建筑没有拘泥于传统的 90° 交叉模式，而是选用了 33.7° 交叉角的菱形。

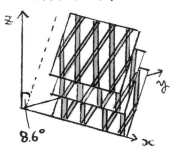

在菱形二维结构的基础上，隈研吾又另用木材将其倾斜连接，变二维为三维立体框架，形成 8.6° 倾斜的外墙。这也是为什么木材的顶端如同刀山剑林的原因。

8.6°

还没完。这种组装模式可不光为了外表好看，它还从内部支撑起 2 楼和 3 楼的地板（东侧）。在隈研吾设计的一系列建筑中，这家店无论从构造还是施工来讲，都属于高难度水准。"震撼"效果并非视觉上的哗众取宠，而是真材实料，令人心服口服。

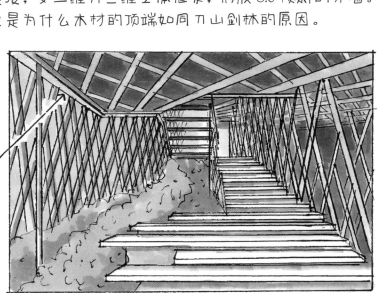

建筑的详细信息敬请参见 P.031

07 在杂乱中升华的"居酒屋三部曲"

Tetchan
（阿铁）

震撼系	东京武藏野市吉祥寺本町 1-1-2 Harmonica 巷内；乘坐 JR 中央线或京王井头线等到达"吉祥寺"站后步行约 1 分钟即到
乱糟糟	
2014 年	地上 2 层／31.18m²

这三家小酒馆都是VIC（Video Information Center）旗下的店铺。吉祥寺Harmonica小巷便得名于"道路两旁如口琴吹孔般排列的各式酒家"。

隈研吾既有国家级的大作，也有胡同小巷里的闲情雅趣。这样的建筑师，世上仅他一个吧？

今天我们便去逛逛小巷子里的"隈氏建筑"——"居酒屋三部曲"（我起的这个名字怎么样）。

首先是这家。

2014
烤串酒吧
Tetchan
吉祥寺

是这儿吧

这些花里胡哨的东西是什么？我起初以为是彩色橡皮筋，但其实是废旧电缆。

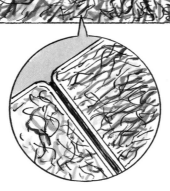

2F

1F

这些是亚克力球，就是把废旧亚克力产品熔化后再利用。

这里是"居酒屋三部曲"之二，外墙上安装了许多具有线条感的框架。

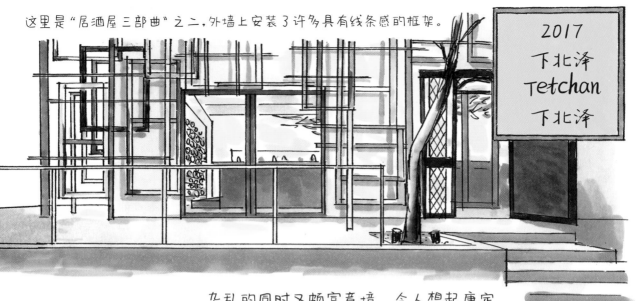

2017
下北泽
Tetchan
下北泽

杂乱的同时又颇富意境，令人想起康定斯基（1866—1944）的抽象画。

2017
Harmonica
Mitaka
三鹰

我本人最喜欢第三家，其外墙上挂满了自行车的轮子！乍一看，还挺像精品店。

就连桌面也是用自行车的轮子做的。

为什么用废旧电缆和自行车的轮子呢？这些匪夷所思的设计似乎并没有什么特殊原因。隈研吾是这么解释的："当时只是想，没预算怎么办，只好用不要钱的'废品'吧。没了预算的束缚，反倒可以放手去搞。"这话听着是不是有点儿"凡尔赛"的味道？去实地考察一下就会明白是什么意思了。

顺带说一句，在居酒屋里单纯"考察"会略失风雅。像我，就是从第一家喝到第三家的，痛快！

建筑的详细信息敬请参见 P.032

08 划时代发明——绳索加固

Komatsu Material Fabric Laboratory fa-bo (原小松精炼公司)

震撼系	石川县能美市浜町 167 Komatsu Material 工厂内；乘坐 JR 北陆本线到达 "能美根上" 站后步行约 24 分钟即到
紧绷绷	
2015 年	地上 3 层／2873.42m²

这座建筑被用作公司的纤维研究所，使用碳纤维绳索绷住原有建筑物，对其进行抗震加固。结构设计由长冈造形大学的江尻宪泰教授负责。可以说，其引领了以绳索加固建筑物的 "紧绷绷" 型设计潮流。

这不仅是隈研吾本人的创举，甚至可以说是世界建筑史上的划时代设计。

这座建筑位于 Komatsu Material（原小松精炼公司）的工厂内部，是该公司的纤维研究所，简称 "fa-bo"，于 2015 年竣工。

虽然只是改造，但从外观来讲，几乎焕然一新！

关键词 1 FIBER 纤维

Cabkoma

9mm

内芯：碳纤维
外皮：玻璃纤维

7 根碳纤维材料紧紧拧在一起后，形成一条结实的绳索。

这是 komatsu Material 研发的热塑性碳纤维复合材料（CFRP 的一种），就是它让这栋楼更加坚固、抗震的。

好轻呀！

Cabkoma

普通钢缆 沉甸甸（重 5 倍）

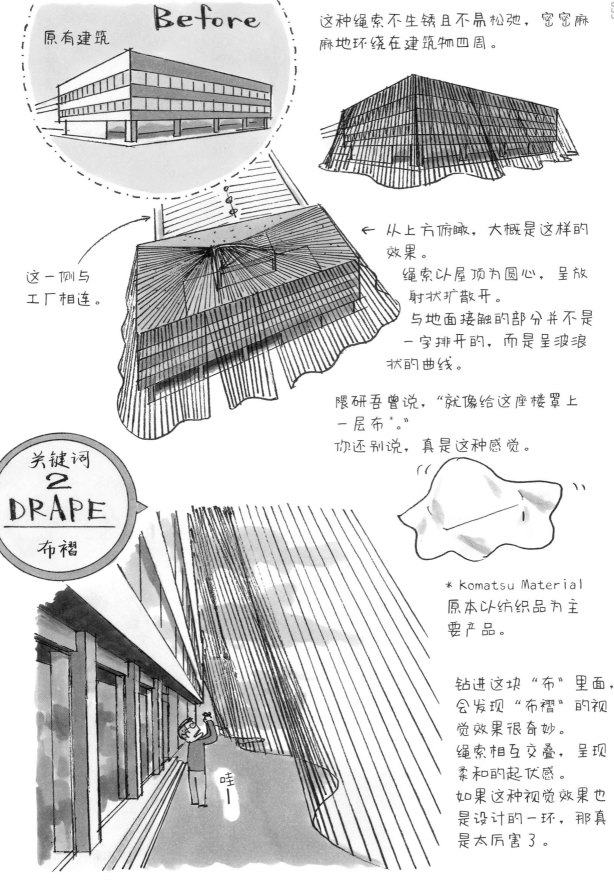

Before

原有建筑

这一侧与工厂相连。

这种绳索不生锈且不易松弛，密密麻麻地环绕在建筑物四周。

← 从上方俯瞰，大概是这样的效果。

绳索以屋顶为圆心，呈放射状扩散开。

与地面接触的部分并不是一字排开的，而是呈波浪状的曲线。

隈研吾曾说，"就像给这座楼罩上一层布*。"

你还别说，真是这种感觉。

* komatsu Material 原本以纺织品为主要产品。

关键词
2
DRAPE
布褶

钻进这块"布"里面，会发现"布褶"的视觉效果很奇妙。
绳索相互交叠，呈现柔和的起伏感。
如果这种视觉效果也是设计的一环，那真是太厉害了。

哇—

从建筑结构来讲，这些绷在室内的绳索更为重要。它们斜向交叉，远近重叠，营造出曲径通幽的氛围。

fa-bo 的宣传照多以外景出现，其实室内景观也不容错过！

关键词 3 OVER-LAPPING 重叠

室内的交叉状绳索与室外的放射状绳索交相辉映，再加上远处的海景，竟有些让人心醉神迷了。

最后，我们去楼顶看看。

夕阳无限好

横亘碧空的绳索、铺满绿植的屋顶、远方的日本海，这里不像一家工厂，更像高级餐厅。

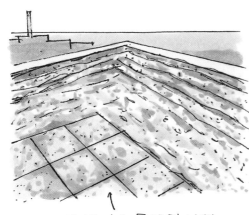

屋顶绿化的基础材料
也是komatsu Material
的研发成果。

关键词
4
GREENING
绿化

Greenbiz

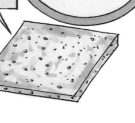

这是利用该工厂染色
加工过程中产生的废
弃物——淤泥制成的
陶瓷材料，多孔、重
量轻、吸水性好。

地板砖也是同种材料。

TOYAMA KIRARI 大楼（2015）的外墙绿化
也使用了这种陶瓷材料。

参看 P.136

说起来，隈研吾与 komatsu Material 的首次合作也
多亏了这种材料呢。强强联手，总能迎接新的挑战。

关键词
5
EVOLUTION
进化

除 fa-bo 外，2019 年开馆的 Cerabo Kutani（九谷 Ceramic
Laboratory）也一定要去看看。它的主打设计就是以
Greenbiz 为基材的屋顶绿化。

屋顶竟能低
至脚边！

Cabkoma 也没被落
下，注意看入口
右手边的墙壁。

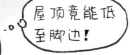

看到了吗？土墙的骨架就是
Cabkoma 绳索！一般都是用竹
子哟。挖掘每种材料的新外观、
新用途，使其不断进化，这可
以说是隈研吾的一贯作风。

建筑的详细信息敬请参见 P.033

09 从古建筑到梦幻森林

日本桥三越百货总店
（改建工程）

震撼系	东京中央区日本桥室町 1-4-1；乘坐东京地铁到达"三越前"
亮闪闪	站后步行约 1 分钟即到
2018 年	地上 7 层的首层／ 5237.9m²

日本桥三越百货总店由横河工务所设计，从大正到昭和年间经历了多次修建、扩建。2016 年，这座大楼被日本政府认定为国家重要文化财产。两年后，大楼首层开展了大规模改建工程。

在知名建筑师中，有不少人都不善于室内设计。丹下健三就是其中一位，他以"骨架"取胜，却罕有室内名作。

隈研吾却没有这种烦恼。看看日本重要文化财产日本桥三越百货总店的首层改造工程就知道了。

亮闪
闪的

太梦
幻了！

这座大楼建造时间较早（1935 年竣工），室内有不少柱子。一般情况下，柱子会在改建项目中碍手碍脚。可谁成想，隈研吾把它们用白色的"树冠"相连，硬是让它们成为极具特色的室内装潢元素，宛如梦幻般的白色森林。
在近几年的百货商厦改造工程中，这片"森林"让我尤为印象深刻。

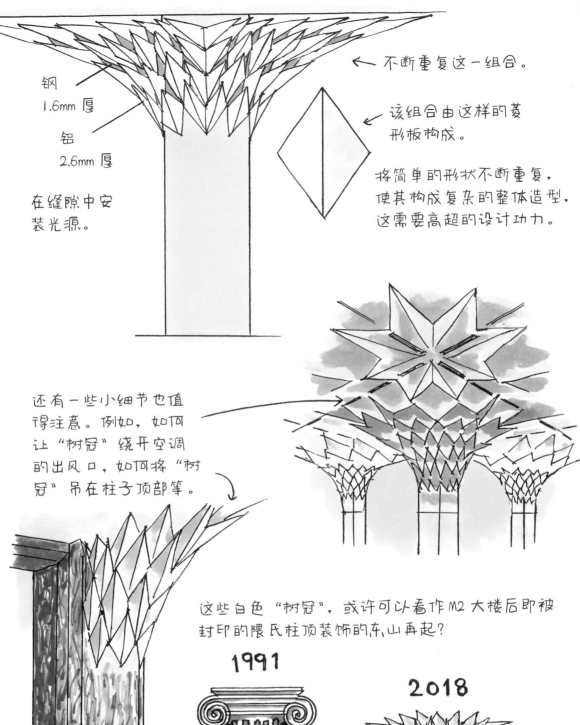

钢
1.6mm 厚

铝
2.6mm 厚

在缝隙中安
装光源。

← 不断重复这一组合。

← 该组合由这样的菱
形板构成。

将简单的形状不断重复，
使其构成复杂的整体造型，
这需要高超的设计功力。

还有一些小细节也值
得注意。例如，如何
让"树冠"绕开空调
的出风口，如何将"树
冠"吊在柱子顶部等。

这些白色"树冠"，或许可以看作M2大楼后即被
封印的隈氏柱顶装饰的东山再起？

1991

2018

?

这之后又会出现怎样的进化形态？
或许是我太心急了，但确实值得期待！

➜ 建筑的详细信息敬请参见 P.033

10 悬空的高科技盆栽

星巴克甄选 · 东京烘焙工坊

这是星巴克高端店面——星巴克甄选烘焙工坊在日本的首次亮相，建筑及外观设计由隈研吾操刀，室内设计由星巴克首席设计师Liz Muller策划。建筑内部犹如一家五脏俱全的咖啡工厂，别有洞天。

震撼系	东京目黑区青叶台 2-19-23；乘坐东急东横线或东京地铁日比谷线等到达"中目黑"站，或乘坐东急田园都市线到达"池尻大桥"站后步行约 14 分钟即到
紧绷绷	
2018 年	地下 1 层 + 地上 4 层／3186.78m²

星巴克甄选·东京烘焙工坊坐落于赏樱胜地目黑川沿岸。

3 层和 4 层设有露天座位，可以俯瞰目黑川，春秋季节一般座无虚席。

外墙和檐下使用杉木板，凹凸交错拼接而成。杉木颜色明亮，与樱花相得益彰。且木板上预先喷涂了液体玻璃（一种特殊的保护剂），哪怕已经过去了两年，木板也几乎没有褪色。

还有这种操作……

但这些特征看起来更适合分到"沉稳系"或"静谧系"的类别里面呀……
别急，绕到西面，我们自会迎来"震撼"的一幕——悬空的盆栽！

来到西侧的露台，可以把这些盆栽看得更清楚。楼层间向三个方向连接绳索，盆栽就置于三根绳索中间。

倒影也趣味盎然！

花盆下方的管道负责为植物供水和排水。这种高科技风格的设计在隈研吾的作品中比较少见。

一听结构设计是由 ARUP（奥雅纳）* 负责的，我就能理解为什么会有这种高科技元素了。

*ARUP 是全球性的工程顾问公司，总部位于英国。

让我们来梳理一下"紧绷绷"型设计在隈研吾作品中的应用历史吧。接下来还会用绳索吊起来什么呢？会不会是地板？

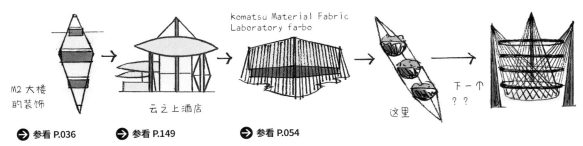

M2 大楼的装饰

云之上酒店

Komatsu Material Fabric Laboratory fa-bo

这里

下一个？？

➡ 参看 P.036　　➡ 参看 P.149　　➡ 参看 P.054

➡ 建筑的详细信息敬请参见 P.033

11 摩天大楼的开拓性美学

Shibuya Scramble Square 一期（东栋）

震撼系	东京涩谷区涩谷 2-24-12；"涩谷"站即到
扶摇而上	
2019 年	地下 7 层＋地上 47 层／181000m²

"涩谷"站周边开展新一轮再建工程，其规模之大堪称"百年一遇"，这座摩天大楼便是再建工程的核心建筑。多家建筑设计所参与整体的建筑设计，隈研吾主要负责大楼底部的外观设计。

Sky Scraper 的字面含义是"天空刮刀"，指超高层建筑和摩天大楼。是不是很有"直冲云霄"的感觉？

不过，站在地面上仰望，根本看不清大楼顶部的样子。

与此相对，涩谷这座摩天楼可谓不走寻常路，自下而上的仰望视角极具冲击力，如同扶摇而上的气流。

隈研吾在本次工程中负责大楼底部的外观设计，大楼顶部由日建设计所负责。屋顶是这样的形状。在日本的超高层建筑中，这座大楼的顶部设计称得上别具一格，可惜在地面完全看不到。

如果大楼底部只是普普通通的四方形，会显得很无聊。

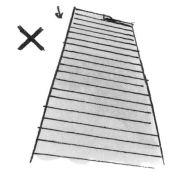

但反过来，如果太过花哨，不仅费钱，而且容易过时。

隈研吾的底部设计就显得刚刚好，不无聊也不花哨，性价比还很高。

说到性价比，就必须提一下这块名叫 Shibuya Scramble Square Vision 的数字广告牌。它不是中规中矩的四边形，广告动画在制作时也会配合它的形状！同样的品牌，不一样的广告，我经常站在这里看广告，看得津津有味。

广告画面甚至可以延展到大楼东侧。这个构思绝了！

这座摩天楼不仅是"天空刮刀"，还是"地面刮刀"。有谁会想到从地面角度花心思呢？说得夸张点儿，这说不定是摩天大楼建筑史上的开创性设计！

建筑的详细信息敬请参见 P.034

12 "不普通"的竞技场

东京新国立竞技场

震撼系	东京新宿区霞丘町 10-1；乘坐 JR 总武线到达"千驮谷"站或"信浓町站"后步行约 5 分钟即到，或者乘坐都营地下铁大江户线到达"国立竞技场"站后步行约 1 分钟即到
慢悠悠	
2019 年	地下 2 层＋地上 5 层／192000m²

已故的英国建筑师扎哈·哈迪德的方案搁浅后，2020 年东京奥运会主会场设计重归一张白纸。之后，隈研吾团队的投标方案胜出，所建场馆将在奥运会期间用作开闭幕式场地。

东京奥运会被迫延期，这座新国立竞技场暂时还没有高调亮相的机会。它是隈研吾的设计作品中规模最大的建筑物。设计团队人数众多，建设工期紧张，在这些条件下，隈研吾能够充分发挥他的才智吗？亲身走过竞技场的每一处角落后，我可以斩钉截铁地回答："当然！"

大屋檐与日式传统

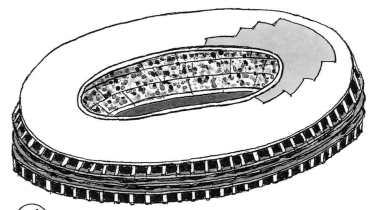

从电视台的航拍画面来看，竞技场仿佛一个巨大的糖霜甜甜圈。

扎哈·哈迪德的方案个性昂扬，外观亮丽。与之相比，隈研吾的设计方案未免显得太简朴了吧？

读过前文的朋友们，你是不是以为隈研吾的方案会是这种风格？ →

不过，这屋檐看似平平无奇，实则吸纳了日本传统建筑的拱形屋顶的要素。

这种凸起可以起到拱桥的效果，增加建筑物的韧性和强度，在日本的传统建筑中很常见。

凹陷

另有一种屋檐向反方向弯曲，形成凹陷。
丹下健三为上一届东京奥运会设计国立代代木竞技场时，便采用了凹陷的屋檐。隈研吾设计的拱形屋檐，可以说是对前辈的致敬。

凸起

凹陷

 清晰可见的木纹

我曾在施工期间远远观望，看到外墙似乎是木板的百叶拼接，当时还暗暗担心："到时候能看出来是木板吗？"如今来到入口一看，可以放心了。

看得见木纹！

怎样的间距和角度能够让木纹清晰可见，没有多年的实战经验是不可能做到如此巧妙的。

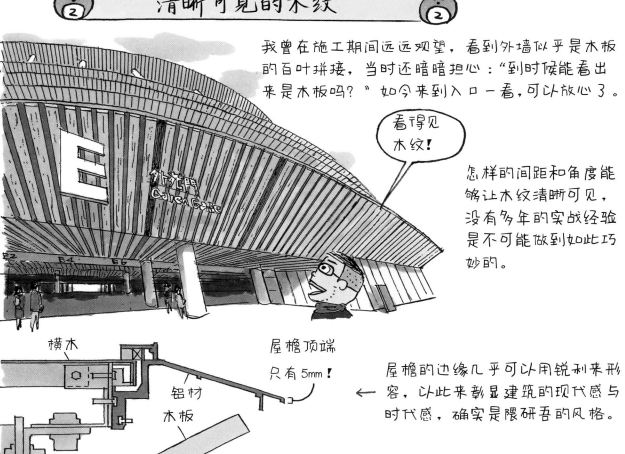

横木

铝材

木板

屋檐顶端只有5mm！

屋檐的边缘几乎可以用锐利来形容，以此来彰显建筑的现代感与时代感，确实是隈研吾的风格。

木板（以杉木为主）来自日本47个都道府县。

接下来，我们到内部看看。

来，去观众席！

太好了，一看就是木材！

⑤ 边边角角也很容易"出片" ⑤

哪怕是如此大规模的工程，隈研吾依然保持着对性价比的高度敏感性。例如，用木板搭建路边座椅……

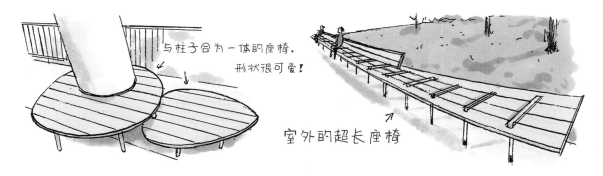

与柱子合为一体的座椅，形状很可爱！

室外的超长座椅

↳细微的波浪形状

入口处的天花板也采用了木板的百叶拼接。边边角角都有细致的布局，非常适合拍照，对预算也很友好！

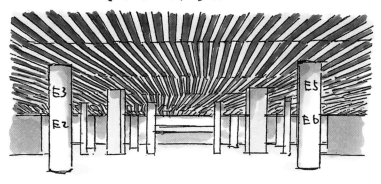

③ 金属与木材的珠联璧合

其实我也担心过檐下的木材拼接效果，"谁能看出来这是木头？"
怎料，谁都能看出来是木头！

接合处是金属，因此更加凸显旁边木材的质感。
此外，杉木的细致排列也让木材的特有价值得到彰显。

杉木

松木

④ 热闹的观众席

观众席的布局也超乎我的想象。五种颜色的椅子随机排列，哪怕没坐人也显得人山人海！简直就像提前知晓了东京奥运会会采用无观众模式。

⑤ 竣工不是结束

眼下这座建筑虽然在"震撼系"麾下，以后没准儿更适合分到"静谧系"中。
为什么这么说呢？来瞅瞅建筑外围的露天走廊，看到那些盆栽了吗？不禁让人期待它们长得郁郁葱葱之后的样子。

植物们慢悠悠地长起来，会不会让竞技场变成这副模样？↓

再加上木板的颜色也会随时间而沉淀，这是一座"值得等待"的新型竞技场。不愧是隈研吾的作品！

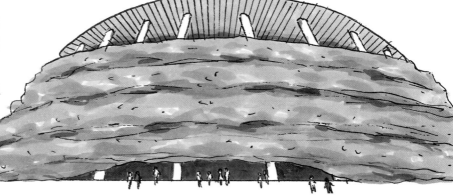

→ 建筑的详细信息敬请参见 P.034

13 回眸一笑百媚生

GREENable HIRUZEN
（原 CLT PARK HARUMI）

震撼系	原址：东京中央区晴海 3-2-15；新址：冈山县真庭市蒜山上福田 1205-220；从 JR"冈山"站乘坐公交车，约 3 小时即到蒜山高原中心
弯弯绕绕	
2019 年	地上 2 层 / 展亭 600m²、展馆 985m²

该建筑物原本是建于东京晴海的临时展亭，主要用于宣传 CLT 板材。它由三菱地所公司设计，隈研吾任设计监理。展出结束后，该建筑被拆解并移至 CLT 板材的产地——冈山县真庭市。

外观怎么是这个样子的？在这座建筑面前，没有人能保持淡定吧？

什么情况！

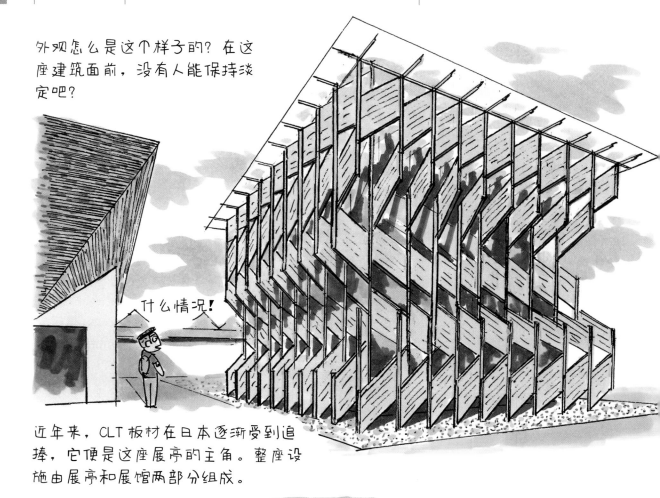

近年来，CLT 板材在日本逐渐受到追捧，它便是这座展亭的主角。整座设施由展亭和展馆两部分组成。

普通胶合层压板

胶粘

什么是 CLT 板材？

CLT（正交层板胶合木）

· 木材的纤维方向互相交错，坚固耐用。

· 适用于建筑物支撑结构及建筑物围护结构方面。

· 可以活用木节较多的木材（有助于资源的有效利用）。

· 在欧洲率先普及起来。

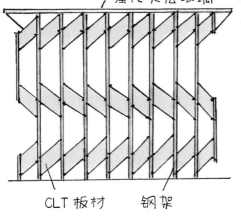

强化夹层玻璃

CLT 板材　　钢架

在间隔 2.3m 的钢架之间像画"鬼脚"那样装上平行四边形的 CLT 板材，让钢架垂直受力，板材水平受力。

放在平常，这种结构一定会让人觉得多此一举。但这座展亭的设计理念之一是展现 CLT 板材的价值，所以才有了这剑走偏锋的构造设计。

展亭内部日影斑驳，令人心情舒畅！

说起来，这弯弯绕绕的结构，虽说是第一次见，但我总觉得有些似曾相识的日式传统风格。
↓

或许因为采用了传统的木结构？似乎不止这个原因……
浏览网页的时候我突然灵光一现，原因在这儿！

（临摹）

江户时期的浮世绘画师菱
← 川师宣的《回眸美人图》。

这位大师的美人图很多都 →
采用这种风格。

（临摹）

扭扭捏捏的美人与这座弯弯绕绕的建筑，是不是很像？我的这番联想和隈研吾比起来算是小巫见大巫，但要说这座展亭体现了日本传统美人图的婀娜妩媚，不过分吧？

→ 建筑的详细信息敬请参见 P.034

14 村野藤吾的旧作新生

皇家经典大阪酒店

震撼系	大阪市中央区难波 4-3-3；大阪地铁"难波"站即到
云蒸霞蔚	
2020 年	地下 1 层 + 地上 19 层／26490.85m²

大阪新歌舞伎座是日本知名建筑师村野藤吾于1958年完成的代表作，隈研吾不仅复原了其正面外观，还在此基础上建起了超高层建筑。连续的"唐破风"屋檐与动态的铝制百叶是其最大特色。

改建方案刚刚发布的时候，我对此表示了深深的怀疑。

隈研吾不会被群起而攻之吧？

我是村野藤吾的狂热粉丝。

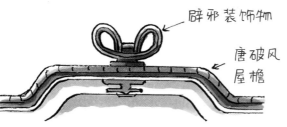

辟邪装饰物

唐破风屋檐

连续起伏的波浪式唐破风屋檐是原建筑的最大特色，隈研吾采用立体扫描技术将其完美再现。

他甚至将正中央的三角形屋檐活用为内部的小教堂，村野藤吾看了也会大吃一惊吧。

不过，工程竣工后，我并没有听到"讨伐"隈研吾的声音。
在我看来，这样的新式建筑，要远远好过勉强保留原有建筑。

说起"复原旧作+超高层大楼"的组合，我不由得想起东京的银座歌舞伎剧场。大楼部分成了翻新建筑的"背景板"。

➡ 参看 P.188

但是，这里的大楼可不甘当绿叶。它的铝制百叶随光影舞动，如同浓雾滚涌、云蒸霞蔚。

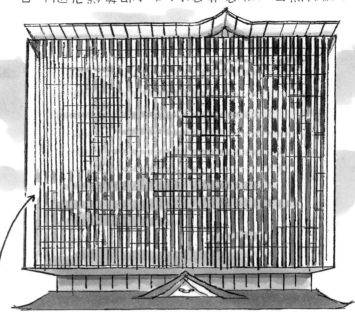

仰望视角

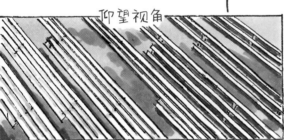

横截图

铝翅

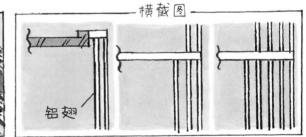

将210mm×55mm的铝翅进行百叶拼接，有些地方甚至会将2~5片铝翅重叠，以此来实现不同的光影效果。有哪位建筑师能想到将百叶重叠起来？这也是开拓性的设计。

跃动的百叶光影如同为复原的村野旧作，罩上一层妖艳的云霞。村野藤吾若还健在，也会感到欣慰吧。

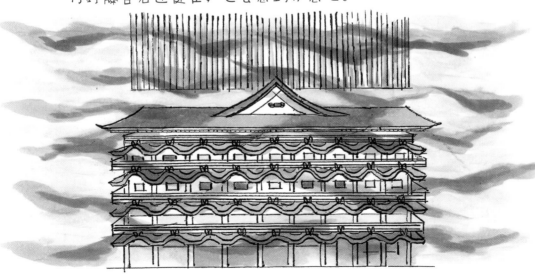

➡ 建筑的详细信息敬请参见 P.035

15 若重似轻的岩石巨人

所泽樱花城

所泽樱花城位于埼玉县所泽市，是由角川文化振兴财团主导的结合博物馆、展演空间、餐饮店、书店、写字间等的大型复合文化设施。鹿岛公司负责设计工作，隈研吾担任设计监理。

震撼系	埼玉县所泽市东所泽和田 3-31-3；乘坐 JR 武藏野线到达"东所泽"站后步行约 10 分钟即到
凹凸不平	
2020 年	地下 2 层 + 地上 5 层／87433.71m²

这是施工时的写照。看，工人正在给外墙贴上厚厚的花岗岩。

角川武藏野博物馆就在其中，使用了 2 万多块这样的花岗岩，总重量达 1200t。一听这些数字，我心想，这是多有重量感的建筑呀！到了实地一看……

恩？似乎挺重的，却又似乎很轻……
仿佛是另一个世界的建筑，不可思议。

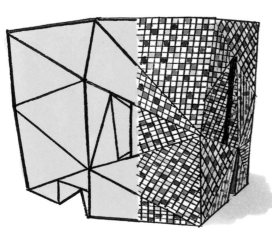

为什么显得不可思议?

①建筑物整体是由三角形组合而成的多边形, 很有科技感。

②颜色深浅不一的四边形紧密排列, 很像马赛克的拼接效果。

不过, 主楼 (办公室和物流设施等的所在地) 的这个装饰我有些搞不懂。看起来像蝴蝶结, 和旁边的巨石有点儿协调, 又有点儿不协调。

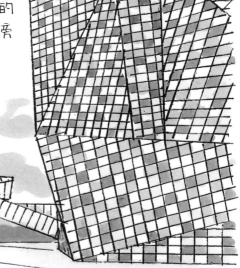

铁网

然后我想起来, 刚刚在美术馆里见到了这幅图。

啊

这种凹凸感

关东地区流传着 "大太郎法师" 的传说, 说是巨人移山倒海, 造就了高原和湖泊。这两座建筑莫非就是在重现这幅光景? 如此说来, 隈研吾莫非真的想创造另一个世界吗?

建筑的详细信息敬请参见 P.035

走进故事

"沉稳系"

用天然建筑材料来挑战"常规"

—

对建筑设计师来说，

修建美术馆或资料馆是常规的职业道路。

只要成品让人印象深刻，

设计师的声名自会远扬，

事业的大门也会顺利敞开。

—

那珂川町马头广重美术馆，

帮助隈研吾敲开了那扇大门。

简单朴素的悬山屋顶搭配密密匝匝的木格栅，

任谁都觉眼目一新，

在脑海中久久徘徊。

—

同年竣工的那须历史探访馆，

首次采用了填充稻草的金属板。

设计师与手艺人的奇思妙想，

令天然建材释放出新时代的光彩。

—

以建筑材料为引，

将观者引入建筑物的故事里，

这便是本书的第二部分——"沉稳系"。

| Part 2 | 沉稳系 | 建筑资料 |

此处的建筑名称原则上优先展示竣工时的名称。对于原有名称不为人所知的建筑，则优先展示现有名称。
"—"意为未公开信息或信息不明。

---

16 那珂川町马头广重美术馆（原马头町广重美术馆）

➡ 图解请见 P.086

地址：栃木县那珂川町马头 116-9
委托方：马头町（现那珂川町）
设计方：隈研吾建筑都市设计事务所
建筑结构设计：青木繁研究室
建筑设施设计：森村设计 ｜ 施工单位：大林组建设公司
建筑结构：钢筋混凝土及一部分钢结构
层数：地下1层＋地上1层 ｜ 总面积：1962.43 m²
设计工期：1998年5月—1998年11月
建设工期：1998年12月—2000年3月
交通路线："室町"站步行约2分钟即到

---

17 那须历史探访馆

➡ 图解请见 P.090

地址：栃木县那须町芦野 2893
委托方：那须町
设计方：隈研吾建筑都市设计事务所
建筑结构设计：中田捷夫研究室
建筑设施设计：森村设计 ｜ 施工单位：川田工业
建筑结构：钢筋混凝土、钢结构、一部分木结构
层数：地下1层 ｜ 总面积：458.17 m²
设计工期：1999年1月—1999年7月
建设工期：1999年9月—2000年6月
交通路线："芦野仲町"站步行约3分钟即到

---

18 村井正诚纪念美术馆

➡ 图解请见 P.092

地址：东京世田谷区中町 1-6-12
委托方：村井伊津子
设计方：隈研吾建筑都市设计事务所
建筑结构设计：中田捷夫研究室
施工单位：松下产业
建筑结构：钢结构
层数：地上2层
总面积：267.97 m²
设计工期：2001年8月—2003年4月
建设工期：2003年6月—2004年6月
交通路线："等等力"站步行约4分钟即到

19　长崎县美术馆

➡ 图解请见 P.094

地址：长崎市出岛町2-1｜委托方：长崎县

设计方：日本设计（建筑）、隈研吾（设计协助）

建筑结构及设施设计：日本设计

施工单位：大成建设·梅村组·松岛建设特定建设企业共同体

建筑结构：钢骨钢筋混凝土、预制混凝土、钢结构（展览馆）、
钢筋混凝土、预制混凝土（主楼）

层数：地上3层｜总面积：9898.07 m²（不包括停车场）

设计工期：2001年11月—2002年9月

建设工期：2003年4月—2005年2月

交通路线："长崎"站步行约15分钟即可

20　根津美术馆

➡ 图解请见 P.096

地址：东京港区南青山6-5-1

委托方：根津美术馆

设计方：隈研吾建筑都市设计事务所

建筑结构及设施设计：清水建设

施工单位：清水建设

建筑结构：钢筋混凝土、钢结构

层数：地下1层+地上2层

总面积：4014 m²

设计工期：2004年11月—2007年8月

建设工期：2007年8月—2009年2月

交通路线："表参道"站步行约8分钟即到

21　由布院现代美术馆（COMICO ART MUSEUM YUFUIN）

➡ 图解请见 P.098

地址：大分县由布市汤布院町川上2995-1

委托方：马自达汽车公司

设计方：隈研吾建筑都市设计事务所

建筑结构及设施设计：鹿岛

施工单位：鹿岛

建筑结构：钢筋混凝土及一部分钢结构

层数：地下1层+地上5层

总面积：4482.15 m²

设计工期：1989年10月—1990年5月

建设工期：1990年6月—1991年10月

交通路线："由布院"站步行约15分钟即到

22　富冈仓库3号仓库（改建）

➡ 图解请见 P.102

地址：群马县富冈市富冈1450-1

委托方：富冈市

设计方：隈研吾建筑都市设计事务所

建筑结构设计：江尻建筑结构设计事务所

建筑设施设计：森村设计｜施工单位：佐藤产业

建筑结构：木结构

层数：地上1层

总面积：289.03 m²

设计工期：2017年1月—2017年8月

建设工期：2017年11月—2019年3月

交通路线："上州富冈"站步行约1分钟即到

22-2　群马县立世界遗产中心（富冈仓库 1 号仓库）

➜ 图解请见 P.102

地址：群马县富冈市富冈 1450-1

委托方：富冈市｜管理方：群马县

设计方：隈研吾建筑都市设计事务所

建筑结构设计：江尻建筑结构设计事务所

建筑设施设计：森村设计

施工单位：佐藤产业

建筑结构：砖结构

层数：地上 2 层

总面积：460.68 m²

竣工时间：2020 年 3 月

交通路线："上州富冈"站步行约 1 分钟即到

22-3　富冈市政厅

➜ 图解请见 P.103

地址：群马县富冈市富冈 1460-1｜委托方：富冈市

设计方：隈研吾建筑都市设计事务所

建筑结构设计：江尻建筑结构设计事务所

建筑设施设计：森村设计

施工单位：Taruya・岩井・佐藤建筑工事企业共同体

建筑结构：钢筋混凝土及一部分钢结构

层数：地上 3 层｜总面积：8681.70 m²

设计工期：2012 年 10 月—2015 年 10 月

建设工期：2016 年 1 月—2018 年 3 月

交通路线："上州富冈"站步行约 3 分钟即到

23　明治神宫博物馆

➜ 图解请见 P.104

地址：东京涩谷区代代木神园町 1-1

委托方：宗教法人 明治神宫

设计方：隈研吾建筑都市设计事务所

建筑结构设计：金箱结构设计事务所

建筑设施设计：森村设计｜施工单位：清水建设

建筑结构：钢筋混凝土、钢结构

层数：地上 2 层｜总面积：3293.24 m²

竣工时间：2019 年

交通路线："原宿"站或"明治神宫前"站步行约 5 分钟即到

24　竹田市历史文化馆・由学馆

➜ 图解请见 P.106

地址：大分县竹田市竹田 2083

委托方：竹田市

设计方：隈研吾建筑都市设计事务所

建筑结构设计：江尻建筑结构设计事务所

建筑设施设计：森村设计

施工单位：森田建设

建筑结构：钢筋混凝土及一部分钢结构

层数：地上 2 层

总面积：1189.78 m²

建设工期：2018 年 10 月—2019 年 12 月

交通路线："丰后竹田"站步行约 10 分钟即到

16 撒手锏 —— 木格栅

那珂川町马头广重美术馆
（原马头町广重美术馆）

沉稳系	栃木县那珂川町马头 116-9；从 JR "氏家" 站乘公交车约 50 分钟，在 "室町" 站下车，步行约 2 分钟即到
影影绰绰	
2000 年	地下 1 层 + 地上 1 层／1962.43m²

这座美术馆主要用来展示歌川广重的浮世绘。明治时期的实业家青木藤作藏有一批广重画作，青木家家主将这项收藏赠给马头町（现在的那珂川町），这才有了这座建筑。

很多人将广重美术馆视为隈研吾的转折点。为什么这么说呢？我们来比较一下这座美术馆和隈研吾以往的建筑作品。

1. 简简单单的造型

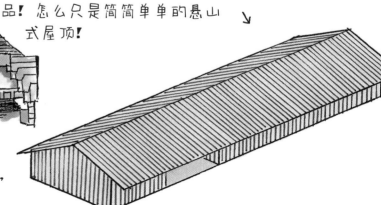

在广重美术馆出现以前，人们一般认为隈研吾 = M2 大楼。但当广重美术馆出现后，人们惊呆了——这简直是另一个人的作品！怎么只是简简单单的悬山式屋顶！

参看 P.036

如此简单的造型，放在其他建筑设计师那里也不常见。不过，此番独辟蹊径，隈研吾大概是为了最大限度地发挥木板百叶，也就是木格栅的效果。

2. 木格栅的全方位覆盖

1996 森舞台
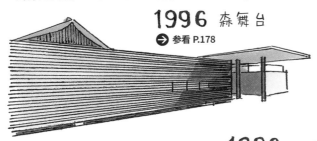
➔ 参看 P.178

木格栅在当时并不是什么新鲜物，例如隈研吾在森舞台（1996）和 River/Filter（1996）两座建筑中都使用木格栅覆盖了建筑的大部分正面外观。

1996
River/Filter

那么广重美术馆的突破性在哪里呢？要知道，它连屋檐都铺上了木格栅，可以说是从头到脚的全方位覆盖。这个创意他人只是猜测可行，却从没尝试过。

3. 新技术、新素材

由于建筑用地属于"建筑基准法22条地域"，所以按照规定，屋顶、屋檐必须使用阻燃性材料进行铺设。为此，隈研吾首先搭建好防火、防水的屋顶，之后将杉木格栅悬空铺设。

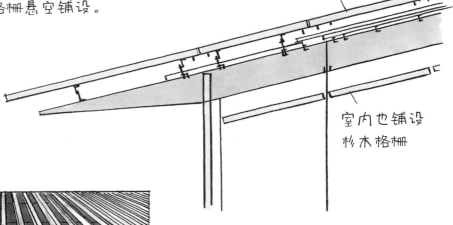

杉木方木 30mm×60mm
间隔 120mm

室内也铺设
杉木格栅

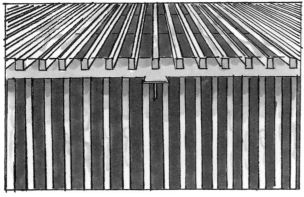

杉木格栅使用当时的新技术——"远红外线熏烟热处理"进行了阻燃化处理。这项新技术不同于以往，它完美保留了木材本身的质感。在此之后，隈研吾对于新技术和新素材的兴趣越来越大。

转下页。

4. 重重叠叠与影影绰绰

论透明度，"水／玻璃"（1995）更胜一筹；但是广重美术馆的朦胧感也别有一番风味。不同空间内的木格栅层层重叠，增加了建筑物的深度，产生影影绰绰的视觉效果。而且，与玻璃相比，木材能够"接受"光线，从而呈现耐人寻味的光影浓度。

➜ 参看 P.040

屋外显现不同寻常的光影图案。

建筑史学家五十岚太郎曾评价广重美术馆："使用本地木材进行循环反复的百叶拼接，将全球化与本土化有机结合，确立了设计模式的撒手锏"。说得真好，不愧是建筑史学家。

5. 木格栅的弦外之音

隈研吾用歌川广重的绘画特色解释为何选用木格栅。他说："葛饰北斋善用强烈的色彩和图形，歌川广重与之相反，他更倾向于使用细腻的线条和微小的点触来表达自然（例如雨滴、雾霭等）的纤细感和朦胧感。"木格栅的玄妙竟在于此！隈研吾竟通过建筑样式来传达浮世绘的艺术美感。

6. 发掘"粒子"概念

隈研吾在解释歌川广重的画作特征时使用了"粒子"一词，此后在其他场合又多次提到建筑的"粒子感"。他初次使用这个概念时或许只是灵光乍现，没想到竟和他的建筑理念不谋而合。

本节开头提到这座美术馆经常被视为"隈研吾的转折点"，我倒并不这么觉得。因为这座建筑并没有同周围环境妥协，而是追求客观外形，依旧遵循建筑设计的传统理念。隈研吾后期转向"以负为胜"的"负建筑"，我个人认为同时期完成的石材美术馆才标志着这个转折点。

→ 参看 P.042

→ 建筑的详细信息敬请参见 P.083

17 泥瓦匠人的奇思妙想

那须历史探访馆

沉稳系	栃木县那须町芦野 2893；乘坐 JR 东北本线到达"黑田原"站后，乘坐关东公交车约 11 分钟后在"芦野仲町"站下车，步行约 3 分钟即到
硌硌棱棱	
2000 年	地上 1 层／ 458.17m²

那须历史探访馆是"那须·自然素材三部曲"之一，与那珂川町马头广重美术馆、石材美术馆同在 2000 年竣工，主要用来展示那须町的历史资料。这座建筑的特色之一，在于稻草填充的可移动遮光板。

那须历史探访馆与石材美术馆同在 2000 年竣工，且相隔不远，步行约 5 分钟的距离。如果站在入口观望，会发现建筑外观无甚新奇，似乎是一座普普通通的史料馆。

➡ 参看 P.042

陈屋*后门
（复原）

玻璃幕墙

展览室

库房　厕所　办公室

原有石仓→

前往石材美术馆→

* 日本古时地方统治者的宅邸。

在原有的石仓等历史建筑的基础上，隈研吾设计了这座拥有悬山顶、玻璃幕墙的展览馆。

展览馆北侧是玻璃幕墙，外观看起来十分简朴，没有石材美术馆那样的视觉冲击力。不过，进了馆内，这座玻璃幕墙的背面一定会让你瞠目结舌。

这墙……怎么看起来像是一大群昆虫？这天花板，仿佛塞满了小鱼干。

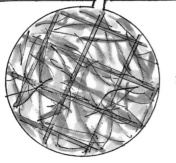

这硌硌棱棱的幕墙和天花板其实是填充了稻草和胶水混合物的铝网。

横截面大概像这样。→
"稻草板"，我也是头一次见。

幕墙剖面详图

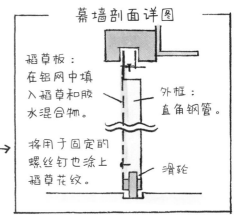

稻草板：
在铝网中填入稻草和胶水混合物。

外框：
直角钢管。

将用于固定的螺丝钉也涂上稻草花纹。

滑轮

久住章

1948年生于日本淡路岛，知名泥瓦匠人。儿子久住有生也活跃在该领域。

隈研吾提出一个奇妙的需求："搭建透明的土墙。"而泥瓦匠人久住章便给出了一个奇妙的方案——稻草板。

将自然材料做成墙板，这一奇思妙想为隈研吾日后的设计提供了源源不断的灵感。真是要好好谢谢久住章啊。

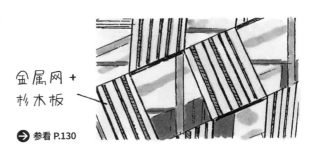

金属网＋杉木板

➡ 参看 P.130

➡ 建筑的详细信息敬请参见 P.083

18 "变形"的记忆

村井正诚纪念美术馆

村井正诚是日本抽象绘画的奠基人，这座美术馆正是为纪念这位大师而建的。小画室原样未动，像罩箱子那样在画室外面修建了更大的建筑物，二者之间的空间用来陈列展品。建筑外墙使用了从老屋拆下来的材料。

沉稳系	东京世田谷区中町 1-6-12；乘坐东急大井町线到达"等等力"站后步行约 4 分钟即到
咕嘟咕嘟	
2004 年	地上 2 层／267.97m²

隈研吾竟然还可以建造如此细腻、动人的建筑。这真的和 M2 大楼一样，出自同一个人之手吗？这十年间，设计师的 DNA 是不是发生了突变？村井正诚纪念美术馆就是如此令人意外。

村井正诚纪念美术馆位于等等力溪谷附近的住宅区，是由画家自己的住宅改建而成的。
外围被绿植团团覆盖，我差点儿以为找错了地方。不过，踏入院内，便放下心来。这座庭院，有讲究！

这是日本抽象画先驱村井正诚（1905—1999）的个人美术馆，由村井先生的妻子兼助手伊津子女士打理，仅在特定时期开放。

美术馆建成已有十多年的时间，这庭院仿佛小火慢炖的一锅菜肴，咕嘟咕嘟，每一样食材都释放出自己的味道，同时与其他食材的味道相融相合。

这些杉木板是老屋的旧物再利用。

村井先生曾把一辆汽车多年闲置在院子里。而现在，隈研吾又把它"闲置"在水池中。

进入室内再从落地窗回望庭院，院景如同一幅镶框画作。

枯叶散落在老旧的汽车上，更添一份意境。

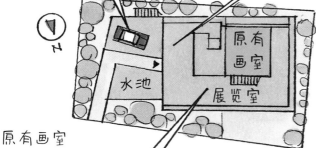

原有画室

改建并非完全翻新，画室部分原封未动，被"装"进了新建筑中。

变换形状的记忆也依然能够保有原来的温度，是这座美术馆教会了我这个道理。希望更多的人走进这段记忆。

建筑的详细信息敬请参见 P.083

19 突破 "规模的壁垒"

长崎县美术馆

沉稳系	长崎市出岛町 2-1；乘坐 JR 长崎本线到达 "长崎" 站后，步行约 15 分钟即到
狼牙锯齿	
2005 年	地上 3 层／9898.07m²

长崎县美术馆横跨运河而建，主楼与展览馆以桥相连。它的外墙由 240 块花岗岩石板呈百叶状覆盖，屋顶铺满绿植，从馆内馆外均可进入屋顶的"绿色博物馆"。该建筑由日本设计公司与隈研吾联手设计。

在建筑师眼里，墙壁象征着规模，所以公共建筑的墙壁尤为高大。

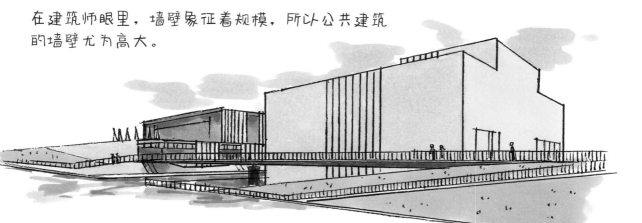

长崎县美术馆的项目启动之初，主办方采取了公开招募设计者的形式。隈研吾对运河横穿地基的环境条件饶有兴趣，于是联合老东家 [*1] 日本设计公司一起报名。主要是由于参选资格要求具备 3000m² 以上的美术馆的设计经验，而隈研吾当时达不到这个要求 [*2]。

*1 隈研吾曾在日本设计公司工作了 3 年左右。
*2 广重美术馆的总面积为 1962m²。

➡ 参看 P.086

隈研吾与日本设计公司的联合方案以其充分考量建筑与运河的和谐共处而当选。此次近万平方米的实战经历，无疑让隈研吾在之后的公共建筑设计工作中更加得心应手。

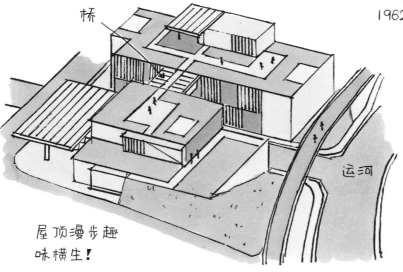

桥

运河

屋顶漫步趣味横生！

隈研吾的设计特色也交织其中。不信？请看这最长可达15m的石百叶。

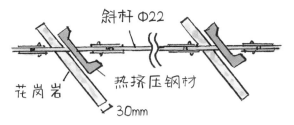

斜杆 Φ22
花岗岩
热挤压钢材
30mm

石板一侧用门字形钢材支撑，石板间用斜杆连接。这种锯齿般的百叶拼接方式，是为了将石板的不同侧面呈现给观者。如此大面积的百叶拼接，可以说突破了"规模的壁垒"，让墙壁不仅代表规模。

这座美术馆刚刚开放时，我曾给《日经Architecture》杂志写过一篇报道，文中记载了隈研吾的这样一番话："在此之前，当我考虑如何让建筑更开放的时候，总会想到'孔'。现在我意识到，'桥'作为连接不同物质的媒介，同样不失为一种开放方式。"嗯，不是很懂隈研吾的意思。

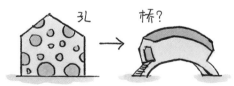

孔 → 桥?

他还曾说："我终于明白了，海德格尔为什么说建筑就是桥。"嗯，这些话超出了我等凡人的理解能力。或许，在这座美术馆中，隈研吾不仅突破了"规模的壁垒"，也突破了"思维的壁垒"。

→ 建筑的详细信息敬请参见 P.084

20 竹林尽头的都市绿洲

根津美术馆

沉稳系	东京港区南青山 6-5-1；乘坐东京地铁到达"表参道"站后，步行约 8 分钟即到
竹叶簌簌	
2009 年	地下 1 层＋地上 2 层／4014m²

这座美术馆主要用来保存并展览日本实业家根津嘉一郎收集的古代美术品。他的儿子于1941年创办根津美术馆，并在现任馆长根津公一的主导下，新馆取代了原有仓库和展览馆（1954年，由今井兼次设计）。

旧有根津美术馆（1941 年首次开放）的新时代重启版本。
隈研吾当时正处于事业的上升期，有旧馆珠玉在前，他自然感到不小的压力。
不过，隈研吾很明显没有被压力打垮，而是迎难而上再创新高（2009 年竣工）。
还没进馆，单看这曲径通幽的通道，就已经可以给出"合格"的评价了。

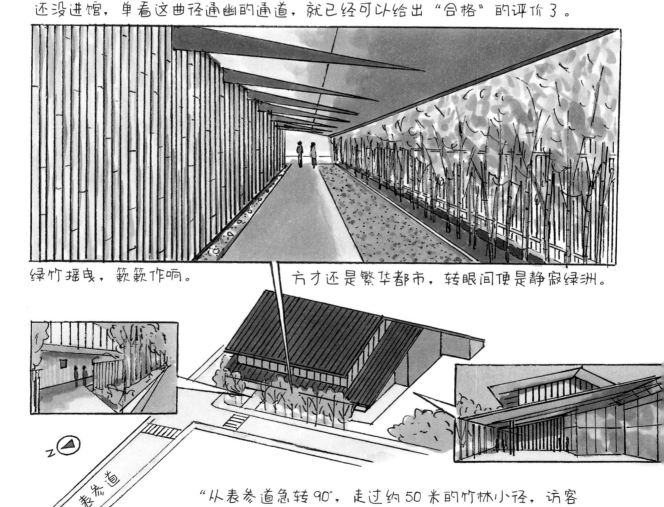

绿竹摇曳，簌簌作响。

方才还是繁华都市，转眼间便是静寂绿洲。

←表参道

"从表参道急转90°，走过约50米的竹林小径，访客的心境自会不同。"（隈研吾）诚如斯言。

很少有美术馆在馆内和馆外体现如此一致的设计理念。

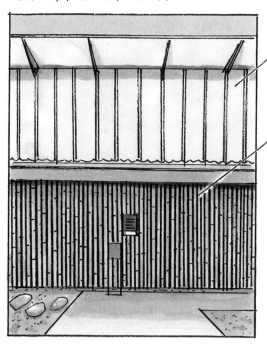

经磷酸处理过的百叶状钢板。

竹百叶

倾斜的屋顶同样以百叶状板材覆盖，表面贴有竹片。

最适合大人的隈氏设计

展览室的天花板也采用了百叶状板材。

参观完主馆后，就去庭院散散步吧。

哪怕只是逛逛庭院，也能值回票价。

独处一隅的 NEZU CAFÉ 也由隈研吾设计。流明天花板很美！

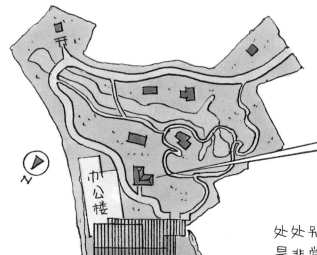

处处别出心裁的设计几乎令人心生敬佩，是非常适合"大人们"约会或疗愈身心的场所。大人们，还在等什么？

建筑的详细信息敬请参见 P.084

21 "名人"搭建的玄色舞台

由布院现代美术馆
(COMICO ART MUSEUM YUFUIN)

沉稳系	大分县由布市汤布院町川上 2995-1；乘坐 JR 久大本线到达"由布院"站后，步行约 15 分钟即到
轻薄如纸	
2017 年	地下 1 层 + 地上 3 层／602.97m²

这座美术馆主要用来陈列村上隆、杉本博司、奈良美智的现代艺术品。为烘托当地群山和馆内藏品的气氛，隈研吾采用烧焦的黑色杉木包裹整座建筑。杉木竖直排列，无序却别有韵律。

隈研吾作为建筑设计师不断成长，已经有了国家级的代表性作品（新国立竞技场），而且在时光的晕染下，年龄也逐渐接近"巨匠"的范畴。不过，在我眼中，"巨匠"这个称呼并不适合隈研吾。

巨匠	名人
丹下健三 1913-2005	村野藤吾 1891-1984
谷口吉生 1937-	吉田五十八 1894-1974
安藤忠雄 1941-	吉村顺三 1908-97
	隈研吾 1954-

在我的心目中，隈研吾更适合被称为"名人"。
← 这是我个人的擅自分类。

"名人"有什么特征呢？

- 不以规模取胜，而是专注自身特色
- 不抗拒当地条件，而以留白分高下
- 玩心不减，游刃有余

隈研吾的建筑作品中，这座由布院现代美术馆最让我体会到他的"名人"特性。

名人特性 1 "楔形椽" 与超薄屋檐

首先，请体会一下"隈氏建筑"的超薄屋檐。

简直薄如纸页！

这薄纸般的观感，主要归功于檐下的铁椽。

什么是椽？ →

日式房屋一般会尽量让铁椽看起来像木材，但隈研吾反其道而行之，特意让铁椽由粗到细，强调金属的锐利感。

------- 什么是椽？ -------
椽是从檐底到檐口承担屋面重量的建筑部件。

〈平行椽〉
法隆寺金堂

〈扇形椽〉
放射状
安乐寺
八角三重塔

↓

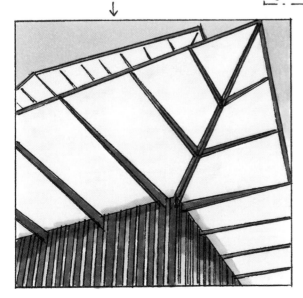

"楔形椽"是我给它取的名字。看屋檐的转角部分，像不像刺桂的叶子？

这种楔形椽是从广重美术馆的屋檐设计进化而来的。

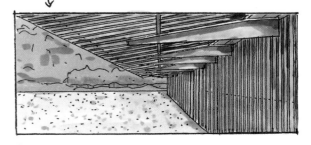

➡ 参看 P.086

名人特性2 "黑色木板"中的隈氏创意

黑色外墙在"隈氏建筑"中很少见，整座建筑都被烧焦的黑色杉木团团包裹。为什么使用黑色？大概是在致敬同在汤布院地区的另外两座建筑吧。

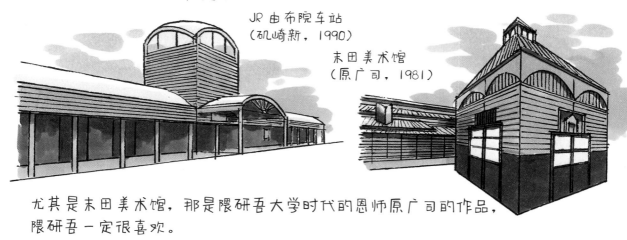

JR由布院车站
（矶崎新，1990）

末田美术馆
（原广司，1981）

尤其是末田美术馆，那是隈研吾大学时代的恩师原广司的作品，隈研吾一定很喜欢。

虽然三者都使用了"黑色木板"，但隈研吾的创意在于将木板竖直排列，让木板较为狭窄的那一面朝外，由此产生不规则的阴影。

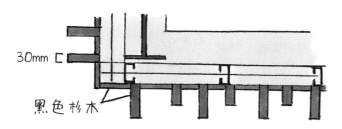

30mm

黑色杉木

名人特性3 在光影中寻找彩蛋

美术馆虽小，展览方式却很有意思。
进馆之前，我们先来看看馆内的参观路线。

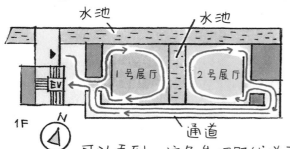

水池　　水池

1号展厅　2号展厅

EV

1F　N

通道

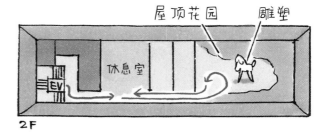

屋顶花园　雕塑

休息室

EV

2F

可以看到，这条参观路线说不上多么合理，因为游客需要重复经过某些地方。不过，走进展厅，我们就会明白这样安排的原因了。

天啊！从没见过这样的展厅。

隔着水池，相邻展厅遥相对望！

我去的那天正好下雨，所以水池里滴滴答答，大珠小珠落玉盘。

两间展厅的作品仿佛融为一体，借助倒影化劣势为优势。

嗅，奈良美智～

屋顶花园的雕塑"Your Dog"（奈良美智，2017）也藏着小彩蛋。

当你从室外回望美术馆……

狗跑进屋子里了！（只是倒影）

公园

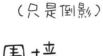

名人特性4　消失的围墙

设计者的玩心让访客也倍感有趣，我正心满意足地打算离开，顺嘴和馆内员工问了一句："北面为何也有水池？"答案再次让我惊掉下巴。

北面的水池是为了给屋檐内侧增加反光吗？

确实有这个效果，但我听说是为了代替围墙。

原来，这条沙石小路是公共用地，不属于美术馆。连公家的路都算计进来，担得起"名人"的称号！

→ 建筑的详细信息敬请参见 P.084

22 在房梁间"翻花绳"

富冈仓库 3 号仓库（改建）

隈研吾将对明治时期陆续修建的 3 栋彼此相连的富冈仓库群进行抗震加固工作，计划以 3 号、1 号、2 号仓库的顺序推进。隔路相望的富冈市政厅也出自隈研吾之手。

沉稳系	群马县富冈市富冈 1450-1；乘坐上信电铁上信线到达"上州富冈"站后，步行约 1 分钟即可
纵横交错	
2019 年	地上 1 层／289.03m²

2014 年富冈缫丝厂被列入《世界遗产名录》后，群马县富冈市愈发重视旅游观光事业。从"上州富冈"站前往缫丝厂的途中，可以尽情享受一连串的"隈氏建筑"。

先在这里了解一下缫丝业。

群马县立世界遗产中心（2020）

1 号仓库为砖结构，共 2 层，现已被改造为资料馆。

3 号仓库为木结构，共 1 层，被改造为餐饮及零售场所。

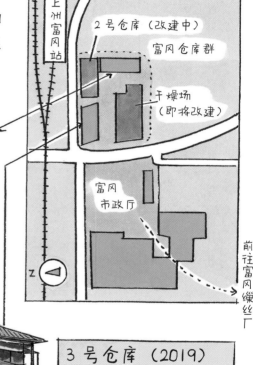

3 号仓库（2019）

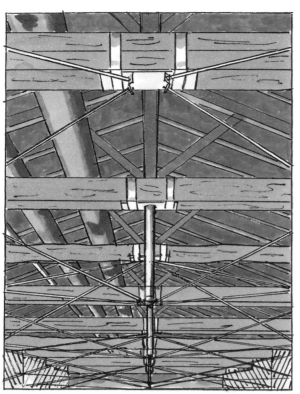

两座建筑均以 CFRP 绳索加固屋架，与 komatsu Material Fabric Laboratory fa-bo 所用材料相同。

➔ 参看 P.054

绳索相互交错，像翻花绳一样紧紧扯住屋顶四周。

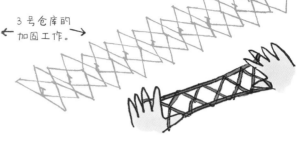

3号仓库的加固工作。

2 号仓库的改建工程也在隈研吾的主导下进行，目标是集餐饮、零售等服务为一体的多功能大厅。

隈研吾有云："富冈产丝，而 CFRP 柔韧如丝，恰巧相得益彰。"如何不令人赞同！

说到"丝"，就不得不提隈研吾设计的富冈市政厅（2018）。市政厅的大堂墙壁，贴的是蚕丝壁纸哟。这种壁纸用生皮苧制成，它是蚕结茧时最先吐出的丝。这种丝质地较硬，不能用于缫丝，一般作为下脚料处理。

富冈市政厅（2018）

要从"上州富冈"站前往富冈缫丝厂，可以选择从富冈市政厅的庭院里穿过去。这条路不太好找，但对于"隈氏建筑"迷来说，绝对是黄金路线。

➔ 建筑的详细信息敬请参见 P.084

23　普通的外观与不普通的屋顶

明治神宫博物馆

沉稳系	东京涩谷区代代木神园町 1-1;乘坐 JR 山手线到达"原宿"站，或乘坐东京地铁到达"明治神宫前"站后，步行约 5 分钟即到
展翅欲飞	
2019 年	地上 2 层／3293.24m²

这座博物馆是明治神宫建成百年的贺礼。一层除开放式大堂外，还设有神木展览室，用来介绍明治神宫的历史及日常活动；二层设有文物展览室和专题展览室。建筑物的结构设计由金箱温春负责。

外观古朴祥和，弥漫着浓厚的日本传统气息，与明治神宫你唱我和，融洽无间。

"楔形椽"已经成为隈研吾的得力干将，让屋檐显得轻薄如纸。

➔ 参看 P.099

← 西侧

↓ 东侧

尖尖如刺

外观说不上有什么新奇，是隈研吾惯用的大屋顶模式，甚至称得上"保守"。不过，进去一看……

➔ 参看 P.099

瞧，大堂多么开阔。乍一看像是用木材搭建的，但实际上柱子和房梁都是钢结构的，所以跨度才能如此之大。而且，屋顶的结构非常复杂，这从外面可看不出来（如左页的插图）。

山手线"高轮Gateway"车站也以屋顶结构复杂为亮点，我其实更喜欢此处，曲折起伏如同鸟儿展翅。

➜ 参看 P.156

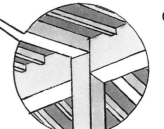

房梁下方涂成白色，或许是为了强调每面屋顶的范围？

屋顶大概是这个形状。↙

要说时尚与传统并存的屋顶，那必然提到村野藤吾。从这座博物馆来看，隈研吾似乎也离那个高度越来越近了。再接再厉，争取超越村野藤吾！

小隈，逐渐开窍了嘛。

村野藤吾（1891-1984）

24 小镇上竹墙连串

竹田市历史文化馆·由学馆

沉稳系	大分县竹田市竹田 2083；乘坐 JR 丰肥本线到达"丰后竹田"站后，步行约 10 分钟即可
连亘绵延	
2019 年	地上 2 层／1189.78m²

水流蜿蜒穿过城下町，町里的大路旁，白墙与竹栅连成串，这里便是城下町竹田市的历史文化馆。后山坡上有"旧竹田庄"历史遗迹，二者用覆盖格栅的登山电梯相连。

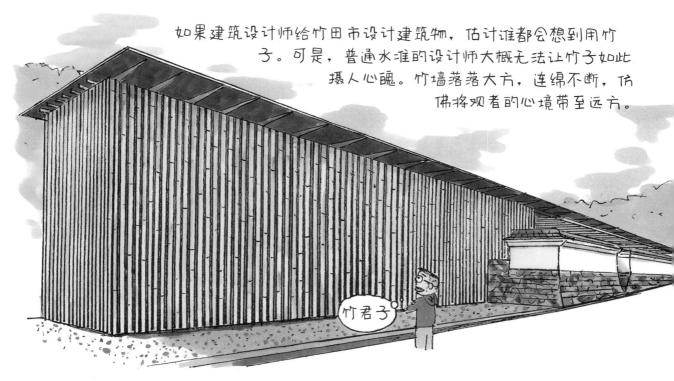

如果建筑设计师给竹田市设计建筑物，估计谁都会想到用竹子。可是，普通水准的设计师大概无法让竹子如此摄人心魄。竹墙落落大方，连绵不断，仿佛将观者的心境带至远方。

竹君子

这座文化馆是用 2016 年熊本地震中被毁的历史资料馆与市民长廊改建的，保留了原有的白墙，在此基础上竖起了竹栅。

〈北侧〉

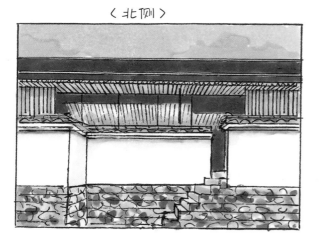

〈通道〉

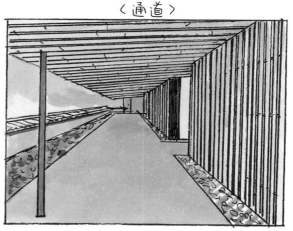

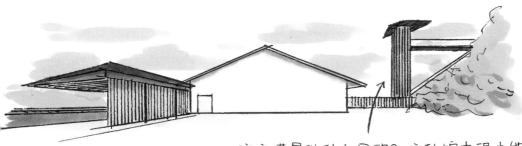

这座塔是做什么用的？文化馆中很少能见到塔。

准确来讲不是竹子，而是竹子形态的树脂复合材料。绿竹连绵不断，游客跟随至此，自然不愿停下脚步，而是会搭乘电梯，一睹前方究竟。

嗅！连电梯也是竹子做的！

连绵不断

目的地是这里。

登山电梯将游客带到竹田庄。这里是国家级历史遗迹，曾是江户时期的画家田能村竹田的住所。竹田庄，又是"竹"！真是一以贯之的设计思路！

紧邻文化馆的是竹田市城下町交流广场（2020），这里也是隈研吾设计的。看，他用竹子搭建起三维构架，撑起了交流中心的舞台。

单座建筑很有意思，但它们综合打造的小镇印象更令人印象深刻。将"竹"的概念渗入竹田市的边边角角，隈研吾简直以一己之力推出了小镇品牌。这种谋篇布局的规划能力，连大型广告公司也会自叹不如吧。

建筑的详细信息敬请参见 P.085

享受日常

"轻快系"

多样多彩的设计思路

—

所谓"知名建筑师",

大多投身于"震撼系"建筑设计,

偶尔有些可以归为"沉稳系"。

无论是震撼系还是沉稳系,

都是与日常生活相距甚远的"非日常系"。

—

亲近日常生活的建筑物,

一般不是知名建筑师的关注点,

而是由地方的小型设计事务所,

或者足以开展"组织设计"的大型事务所来担任设计的。

—

2005 年起,

隈研吾开始在这片空白领域大展手脚。

宽大的屋檐、轻巧的外墙,

营造出"享受日常"的市民空间。

隈研吾的设计思路也愈加多样多彩。

—

本书第三部分,我们去享受"轻快系"。

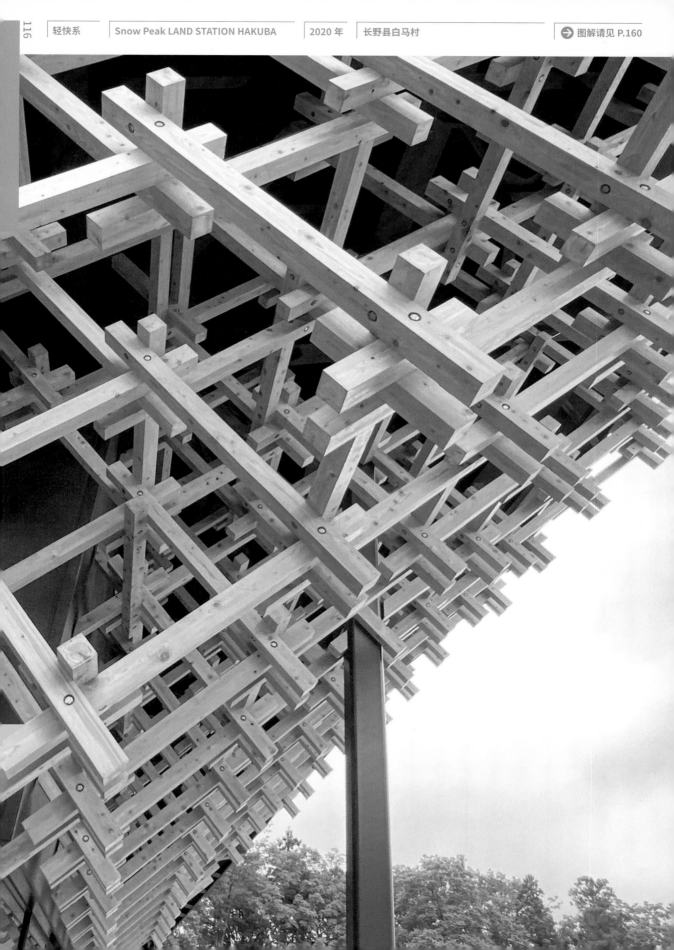

25	石仓广场

➡ 图解请见 P.124

地址：栃木县高根泽町宝积寺2416

委托方：高根泽町｜设计方：隈研吾建筑都市设计事务所

建筑结构设计：OAK结构设计事务所

建筑设施设计：森村设计

施工单位：渡边建设、见目石材工业

建筑结构：钢筋混凝土及一部分砖石结构

层数：地上1层

总面积：607.66 m²

设计工期：2004年3月—2005年3月

建设工期：2005年7月—2006年3月

交通路线："宝积寺"站即到

25-2	"宝积寺"车站

➡ 图解请见 P.127

地址：栃木县高根泽町宝积寺2374-1

委托方：高根泽町、东日本旅客铁道公司

设计方：东日本旅客铁道·JR东日本建筑设计事务所(建筑)、隈研吾建筑都市设计事务所(监理)

建筑结构设计：东日本旅客铁道·JR东日本建筑设计事务所(结构)、OAK结构设计事务所(结构监理)

建筑设施设计：东日本旅客铁道·JR东日本建筑设计事务所

施工单位：东铁工业｜建筑结构：钢结构｜层数：地上2层

总面积：862.06 m²｜设计工期：2005年8月—2006年3月

建设工期：2006年9月—2008年3月

26	GC 口腔科学博物馆

➡ 图解请见 P.128

地址：爱知县春日井市鸟居松町2-294

委托方：GC

设计方：隈研吾建筑都市设计事务所

建筑结构设计：佐藤淳结构设计事务所

建筑设施设计：森村设计｜施工单位：松井建设

建筑结构：木结构、钢筋混凝土结构

层数：地下1层＋地上3层

总面积：626.5 m²

设计工期：2008年4月—2009年5月

建设工期：2009年6月—2010年5月

交通路线："春日井"站步行约23分钟即到

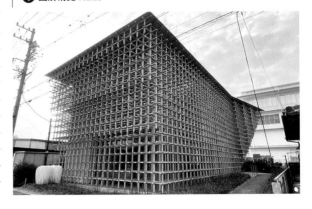

27 Aore 长冈

➡ 图解请见 P.130

地址：新泻县长冈市大手通 1-4-10

委托方：长冈市｜设计方：隈研吾建筑都市设计事务所

建筑结构设计：江尻建筑结构设计事务所

建筑设施设计：森村设计

施工单位：大成·福田·中越·池田 City Hall 建筑工事特定企业共同体及其他机构

建筑结构：钢筋混凝土及一部分钢结构

层数：地下 1 层 + 地上 4 层｜总面积：35492.44 m²

设计工期：2008 年 2 月—2009 年 9 月

建设工期：2009 年 11 月—2012 年 2 月

交通路线："长冈"站步行约 3 分钟即到

28 九州艺文馆

➡ 图解请见 P.132

地址：福冈县筑后市津岛 1131｜委托方：福冈县

设计方：隈研吾建筑都市设计事务所、日本设计（1 号副楼为 SUEP、日本设计负责）

施工单位：鹿岛·大薮·西日本特定建设共同体（主楼）、古贺建设（2 号副楼）

建筑结构：钢筋混凝土、钢结构（主楼）、木结构（2 号副楼）

层数：地上 2 层（主楼）、地上 1 层（2 号副楼）

总面积：3657.04 m²（主楼）、165.51 m²（2 号副楼）

设计工期：2008 年 9 月—2011 年 3 月

建设工期：2011 年 3 月—2012 年 10 月

交通路线："筑后船小屋"站步行约 1 分钟即到

29 大和普适计算研究大楼

➡ 图解请见 P.134

地址：东京文京区本乡 7-3-1

委托方：国立大学法人东京大学

设计方：东京大学校园计划室（隈研吾）·设施部门、隈研吾建筑都市设计事务所

施工单位：大和 House 工业

建筑结构：钢结构｜层数：地下 2 层 + 地上 3 层

总面积：2709.53 m²

设计工期：2010 年 7 月—2012 年 7 月

建设工期：2012 年 10 月—2014 年 4 月

交通路线："本乡三丁目"站步行约 8 分钟即到

30 TOYAMA KIRARI

➡ 图解请见 P.136

地址：富山市西町 5-1

委托方：西町南地区市街地再开发团体

设计方：RIA·隈研吾·三四五设计共同体

施工单位：清水建设·佐藤工业企业共同体

建筑结构：钢结构（附加抗震结构）

层数：地下 1 层 + 地上 10 层

总面积：2 万 6792.82 m²

设计工期：2010 年 10 月—2013 年 5 月

建设工期：2013 年 6 月—2015 年 4 月

交通路线："西町"站步行约 1 分钟即到

30-2　丰岛生态博物馆

➡ 图解请见 P.136

地址：东京丰岛区南池袋 2-45

委托方：南池袋二丁目 A 地区市街地再开发团体

设计方：隈研吾建筑都市设计事务所（外观及一部分内饰设计监理）、日本设计、Landscape Plus

施工单位：大成建设

建筑结构：钢筋混凝土、钢结构、一部分钢骨钢筋混凝土结构

层数：地下 3 层 + 地上 49 层 ｜ 总面积：94681.84 m²

设计工期：2009 年 9 月—2012 年 1 月

建设工期：2012 年 2 月—2015 年 3 月

交通路线："东池袋"站即到

31　京王线"高尾山口"车站

➡ 图解请见 P.138

地址：东京八王子市高尾町 2229

企业主：京王电铁

设计方：隈研吾建筑都市设计事务所、京王建设

建筑结构设计：江尻建筑结构设计事务所

建筑设施设计：冈安泉照明设计事务所（照明计划）

施工单位：京王建设

建筑结构：钢结构

层数：地上 1 层

总面积：618.74 m²

建设工期：2014 年 10 月—2015 年 4 月

32　相合家具设计实验基地

➡ 图解请见 P.140

地址：三重县伊贺市

委托方：相合家具制作所

设计方：隈研吾建筑都市设计事务所

建筑结构设计：江尻建筑结构设计事务所

建筑设施设计：环境 Engineering

施工单位：德仓建设

建筑结构：钢结构

层数：地上 2 层

总面积：974.73 m²

设计工期：2012 年 11 月—2014 年 8 月

建设工期：2014 年 9 月—2015 年 9 月

33　饭山市文化交流馆

➡ 图解请见 P.142

地址：长野县饭山市饭山 1370-1

委托方：饭山市

设计方：隈研吾建筑都市设计事务所、仲条一级建筑事务所

施工单位：清水建设

建筑结构：钢筋混凝土及一部分钢结构

层数：地上 3 层

总面积：3888 m²

建设工期：2012 年 4 月—2015 年 12 月

交通路线："饭山"站步行约 5 分钟即到

34　COEDA HOUSE（集木咖啡馆）

➡ 图解请见 P.144

地址：静冈县热海市多贺 1027-8 Akao Herb & Rose Garden

委托方：Hotel New Akao

设计方：隈研吾建筑都市设计事务所

建筑结构设计：江尻建筑结构设计事务所

建筑设施设计：环境 Engineering｜施工单位：桐山

建筑结构：木结构、一部分钢结构｜层数：地上 1 层

总面积：141.61 m²

设计工期：2016 年 7 月—2017 年 2 月

建设工期：2017 年 4 月—2017 年 9 月

交通路线："Akao Herb & Rose Garden"站即到

35　梼原云之上图书馆

➡ 图解请见 P.146

地址：高知县梼原町梼原 1212｜委托方：梼原町

设计方：隈研吾建筑都市设计事务所

建筑结构设计：佐藤淳结构设计事务所

建筑设施设计：挂水环境研究所

施工单位：户田·四万川特定建设工程企业共同体

建筑结构：钢结构、一部分木结构

层数：地下 1 层 + 地上 2 层

总面积：1938.31 m²

设计工期：2015 年 6 月—2016 年 10 月

建设工期：2016 年 11 月—2018 年 2 月

交通路线："梼原"站步行约 7 分钟即到

35-2　YURURI 梼原福利院

➡ 图解请见 P.146

地址：高知县梼原町梼原 1212｜委托方：梼原町

设计方：隈研吾建筑都市设计事务所

建筑结构设计：佐藤淳结构设计事务所

建筑设施设计：挂水环境研究所

施工单位：户田·四万川特定建设工程企业共同体

建筑结构：钢结构｜层数：地下 1 层 + 地上 3 层

总面积：2758.61 m²

设计工期：2015 年 6 月—2016 年 10 月

建设工期：2016 年 11 月—2018 年 2 月

交通路线："梼原"站步行约 7 分钟即到

35-3　云之上酒店（梼原町地区交流中心）

➡ 图解请见 P.149

地址：高知县梼原町太郎川 3799-3｜委托方：梼原町

设计方：隈研吾建筑都市设计事务所（设计）、小谷设计、Plaza Design Consultant（协助）

建筑结构设计：中田捷夫研究室

施工单位：竹中·须崎建设工程企业共同体

建筑结构：钢结构、木结构、一部分钢筋混凝土结构

层数：地上 2 层｜总面积：1273.8 m²

设计工期：1992 年 8 月—1993 年 8 月

建设工期：1993 年 10 月—1994 年 3 月

交通路线："太郎川公园前"站即到

35-4 梼原町政府办公楼

➔ 图解请见 P.148

地址：高知县梼原町梼原 1444-1 ｜委托方：梼原町

设计方：庆应义塾大学理工学部系统设计工程学系、隈研吾建筑都市设计事务所(建筑·监理)

建筑结构设计：中田捷夫研究室(结构协助)

建筑设施设计：日建设计(设施协助)

施工单位：飞岛·Mitani 建设工程企业共同体

建筑结构：木结构、一部分钢筋混凝土结构

层数：地下 1 层＋地上 2 层

总面积：2970.79 m² ｜设计工期：2004 年 4 月—2005 年 2 月

建设工期：2005 年 5 月—2006 年 10 月

交通路线："梼原"站步行约 4 分钟即到

35-5 梼原町集市

➔ 图解请见 P.149

地址：高知县梼原町梼原 1196-1 ｜委托方：梼原町

设计方：隈研吾建筑都市设计事务所

建筑结构设计：中田捷夫研究室

建筑设施设计：Sigma 设施设计室 ｜施工单位：大旺新洋

建筑结构：钢筋混凝土

层数：地上 3 层

总面积：1132.00 m²

设计工期：2009 年 8 月—2009 年 11 月

建设工期：2009 年 12 月—2010 年 7 月

交通路线："梼原"站步行约 5 分钟即到

36 日本平梦观景台

➔ 图解请见 P.150

地址：静冈市清水区草薙 600-1 ｜委托方：静冈县、静冈市

设计方：隈研吾建筑都市设计事务所

建筑结构设计：大野 Japan

建筑设施设计：森村设计

施工单位：木内建设

建筑结构：钢结构

层数：地上 3 层

总面积：主体建筑 964.70 m²，观景回廊 965.01 m²

竣工时间：2018 年 11 月

交通路线："日本平梦观景台入口"站步行约 5 分钟即到

37 境町河岸餐厅"茶藏"（原"境町驿"站"茶藏"）

➔ 图解请见 P.152

地址：茨城县境町 1341-1

委托方：境町

设计方：隈研吾建筑都市设计事务所

施工单位：中和建设

建筑结构：钢结构

层数：地上 2 层

总面积：483.53 m²

竣工时间：2019 年 3 月

交通路线："境町驿"站步行约 2 分钟即到

37-2 境町三明治

地址：茨城县境町 1341-1

委托方：境町

设计方：隈研吾建筑都市设计事务所

施工单位：篠原工务店

建筑结构：木结构

层数：地上1层

总面积：275 m²

竣工时间：2018年

交通路线："境町驿"站即到

⊙ 图解请见 P.152

37-3 S-Lab、S-Gallery

地址：茨城县境町坂花町1466-2、1455-1

委托方：境町

设计方：隈研吾建筑都市设计事务所

施工单位：中和建设

建筑结构：木结构

层数：地上2层

总面积：160 m²

竣工时间：2020年

交通路线："坂花町"站步行约1分钟即到

⊙ 图解请见 P.153

37-4 黑山会馆

地址：茨城县境町上小桥446-4

委托方：境町

设计方：隈研吾建筑都市设计事务所

施工单位：福岛工务店

建筑结构：木结构

层数：地上1层

总面积：63.29 m²

竣工时间：2020年

交通路线："中松冈町"站步行约13分钟即到

⊙ 图解请见 P.153

38 陆前高田 Amway House 小镇檐廊

地址：岩手县陆前高田市高田町馆冲111

企业主：陆前高田市、日本Amway财团

设计方：隈研吾建筑都市设计事务所

建筑结构设计：江尻建筑结构设计事务所

施工单位：长谷川建设

建筑结构：木结构

层数：地上1层

总面积：545.28 m²（含仓库）

竣工时间：2020年1月

交通路线："前高田"站西侧即到

⊙ 图解请见 P.154

38-2 中桥

图解请见 P.155

地址：宫城县南三陵町志津川五日町

委托方：南三陵町

设计方：PACIFIC CONSULTANTS、隈研吾建筑都市设计事务所

施工单位：矢田工业

建筑结构：钢结构（钢构架）

竣工时间：2020年9月

交通路线："志津川"站步行约7分钟即到

39 高轮 Gateway 车站

图解请见 P.156

地址：东京港区港南 2-1-220

委托方：东日本旅客铁道公司

设计方：东日本旅客铁道（项目规划）、JR东日本建筑设计（建筑设计·监理）、隈研吾（建筑·设计）

建筑结构及设施设计：JR东日本建筑设计

施工单位：品川新站（暂称）新设工事企业共同体（大林组、铁建建设）

建筑结构：钢结构│层数：地下1层＋地上3层

总面积：3969.52 m²

设计工期：2015年2月—2020年11月

建设工期：2016年9月—2020年2月

40 新风馆

图解请见 P.158

地址：京都市中京区乌丸大街姊小路下场之町586-2

委托方：NTT都市开发

设计方：NTT FACILITIES（设计·监理）、隈研吾建筑都市设计事务所（设计监理）

施工单位：大林组

建筑结构：钢结构及一部分钢筋混凝土结构

层数：地下2层＋地上7层

总面积：25610.97 m²

设计工期：2016年6月—2017年8月

建设工期：2017年8月—2020年3月

交通路线："乌丸御池"站即到

41 Snow Peak LAND STATION HAKUBA

图解请见 P.160

地址：长野县白马村北城5497

运营方：Snow Peak 白马

设计方：清水建设、隈研吾建筑都市设计事务所

建筑结构设计：江尻建筑结构设计事务所

施工单位：清水建设

建筑结构：钢结构

层数：地上1层

总面积：972.52 m²

竣工时间：2020年4月

交通路线："白马"站步行约10分钟即到

25

大谷石的菱形变奏曲

石仓广场

轻快系	栃木县高根泽町宝积寺 2416；乘坐 JR 东北本线到达"宝积寺"站即到
锯齿獠牙	
2006 年	地上 1 层／607.66m²

广场周边云集了三座"隈氏建筑"。礼堂和多功能展览中心于2006年先行落成，两年后车站竣工。礼堂是对一座原有石仓的改造，另一座石仓则被拆解。拆下的大谷石被用于礼堂和展览中心的修建，以重获新生。

据说，高根泽町之所以委托隈研吾来设计石仓广场，是因为石材美术馆(2000)对既有石仓的改造大获成功。

➜ 参看 P.042

不过，在我看来，二者有很大差别。石材美术馆并未让石头有轻盈之感，而石仓广场却实现了"轻飘飘"的石墙。

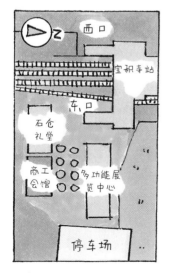

1. 锯齿形切割法，让石块不再沉甸甸。

我们先来看看北侧的多功能展览中心。

哇，这锯齿獠牙的是什么？→
大谷石硬度不高，怎么可能镂空堆砌呢？

答案在这里。——→

以锯齿形钢板为骨架，摞上锯齿形大谷石，再摞上钢板，再摞大谷石，以此往复。

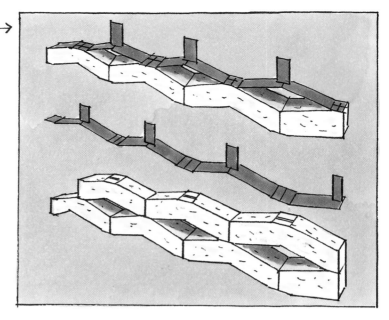

菱形孔洞内部光线较暗，完全看不出有钢板的存在。
可真是花了一番心思……
同样花心思的还有屋檐。硅酸钙板被镂空刻成连续的菱形，相同花色一直蔓延到屋内的天花板。

虽然屋顶肯定不是石头做的，但由于同样是菱形的，所以观者依然会感到和谐、融洽的氛围。

休息室里非常通风，北面的原野仿佛被装进了四四方方的画框。微风习习，真是舒适！

真像一幅风景画

转下页。

2. 菱形孔洞的视觉渐变效果。

接下来，我们去看看石仓礼堂。它是由原有石仓改建而成的，靠近道路的西侧采用了大谷石的菱形堆砌方式，面目焕然一新。

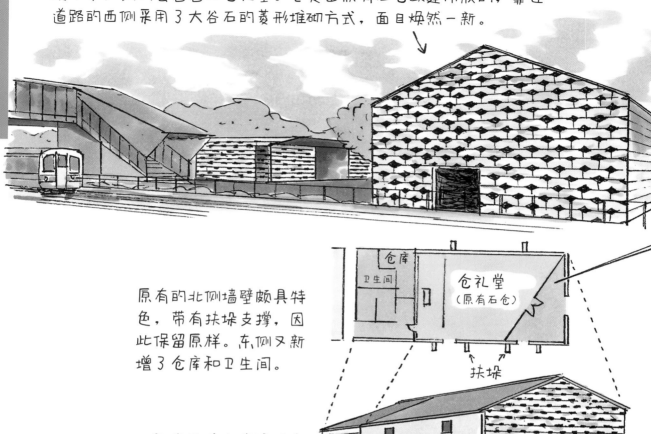

原有的北侧墙壁颇具特色，带有扶垛支撑，因此保留原样。东侧又新增了仓库和卫生间。

新建区域的墙壁很有意思！

从右到左，无缝石墙渐变为菱形堆砌石墙！

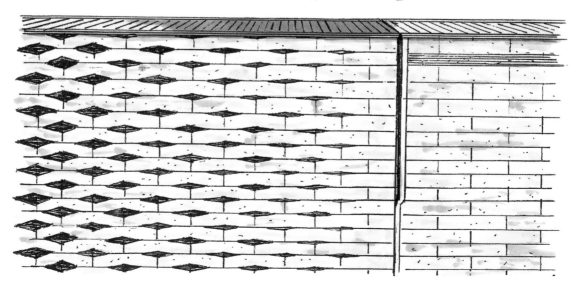

礼堂西侧建有三角形门厅。
为什么是三角形?
当阳光透过大谷石的菱形
孔洞……
简直像万花筒中的景象!
所以才建成三角形啊……

顺带说一句,这里原本有
两座石仓,其中一座改建
为礼堂,另一座被拆除。
拆下来的大谷石被用于堆
砌菱形墙体,一点儿都没
有浪费。

3. 高低不平又千差万别的菱形图案。

最后,我们去瞧瞧"宝积寺"车站。
这里的天花板也主打菱形图案。

据说,隈研吾起初考虑继续使用大谷石,
但从安全角度考虑,又换成了柳桉板。
而且,他通过调整每块柳桉板的高度,
进一步提升了视觉冲击力。

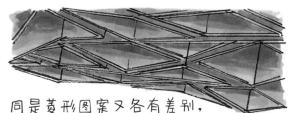

同是菱形图案又各有差别,
真是花了心思……

→ 建筑的详细信息敬请参见 P.117

26 融于天空的桧木架

GC 口腔科学博物馆

轻快系	爱知县春日井市鸟居松町 2-294；乘坐 JR 中央本线到达"春日井"站后，步行约 23 分钟即到
蓬蓬茸茸	
2010 年	地下 1 层 + 地上 3 层／626.5m²

牙科专业器材生产商GC公司在50周年之际修建了这座研发中心。建筑物的网架采用细木条搭建而成，节点处未使用任何黏合剂或钉子等。它不仅是建筑结构的一部分，也是博物馆展品的展台。

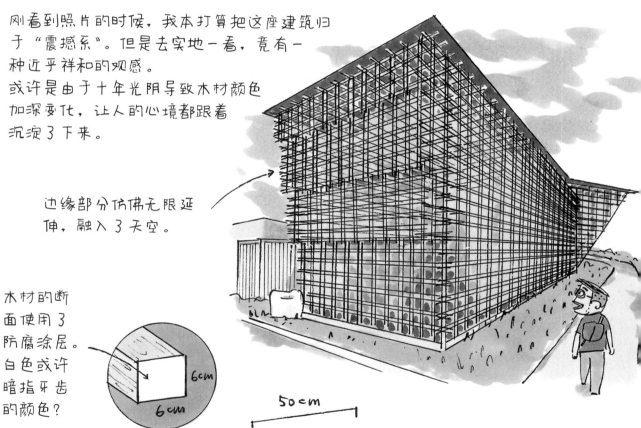

刚看到照片的时候，我本打算把这座建筑归于"震撼系"。但是去实地一看，竟有一种近乎祥和的观感。
或许是由于十年光阴导致木材颜色加深变化，让人的心境都跟着沉淀了下来。

边缘部分仿佛无限延伸，融入了天空。

木材的断面使用了防腐涂层。白色或许暗指牙齿的颜色？

6cm
6cm

50cm

桧木条的断面均为 6cm 见方，搭建过程中未借助任何黏合剂或钉子的辅助。整座网架轻盈、蓬松，难以想象它竟能支撑屋顶的重量。

这里虽然是 GC 公司的研发基地，但一层是面向游客开放的。南侧的天井最有意思。

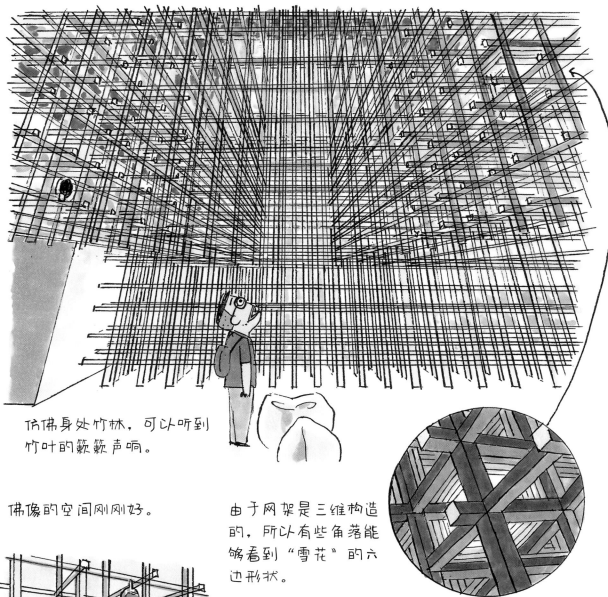

仿佛身处竹林，可以听到竹叶的簌簌声响。

佛像的空间刚刚好。

由于网架是三维构造的，所以有些角落能够看到"雪花"的六边形状。

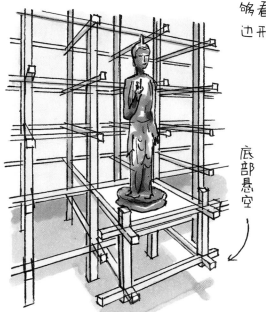

底部悬空

这也是隈氏特色？

西侧是完全不同的清爽观感，几乎是另一座建筑，简单直接！

建筑的详细信息敬请参见 P.117

27 肚子里的另一张脸

Aore 长冈

轻快系	新泻县长冈市大手通 1-4-10；乘坐 JR 信越本线或上越新
肚大口小	干线列车到达"长冈"站后，步行约 3 分钟即到
2012 年	地下 1 层 + 地上 4 层／35492.44m²

Aore 长冈位于长冈市的中心地带，是集市政厅、市民广场等多种功能于一身的综合性场所，其主体是由玻璃天花板和杉木、金属板搭建的中庭空间。市民们即使不需要去市政厅办事，也会经常来这里转转。

Aore 长冈没有"脸"。

"无脸男"

啊……

啊……

如果非要寻找它的"脸"，北侧视角或许可以算作它的外观。但依然很不明显，还被拱廊挡住了。

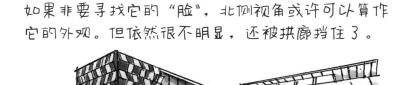

如果从空中俯视全貌，是这样一幅图景。地基周围被其他建筑物塞得严丝合缝，局促程度估计会让设计师非常为难。

隈研吾把外面那张脸简单装饰……

然后在"肚子"里安装了另一张"脸"。

这张"脸"便是中庭，一座半露天广场。

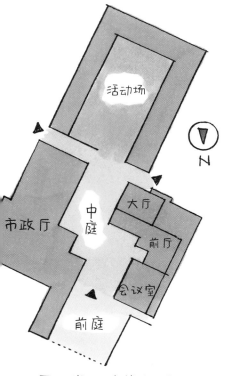

不规整的建筑空间仿佛在引诱访客走进去，再走进去。

阳光透过玻璃天花板倾泻而下。推自行车的女士们也在互相确认，这里是外面还是里面？

要想给这么宽敞的空间安装上一张"脸"，怎么才能节省资金呢？答案是使用这些曲曲折折的马赛克。

将宽窄不一的杉木板粘在金属板上，再将杉木金属板以不同的角度间隔排列。

明明各自都是不规则的形状和角度，整体却相得益彰、配合默契。这个创意似乎也为隈研吾日后的设计大幅拓宽了思路。

建筑的详细信息敬请参见 P.118

28 飞往公园的千纸鹤

九州艺文馆

该馆是位于福冈县九州新干线"筑后船小屋"车站前的交流中心。它是筑后广域公园的一部分，同时也是公园的大门。艺文馆的外形模仿了村落的聚居形态，屋顶使用了多种建筑材料。

轻快系	福冈县筑后市津岛 1131；乘坐 JR 到达"筑后船小屋"站后，步行约 1 分钟即到
羽翼翩翩	
2012 年	地上 2 层／3657.04m²（主楼）、165.51m²（2 号副楼）

这座建筑仿佛是隈研吾心中的呐喊："我不是只会用木头的建筑师！"

▼西北侧外观

千纸鹤！

艺文馆位于筑后广域公园的一角，离九州新干线的"筑后船小屋"站很近，是福冈县委托修建的交流中心。

多个房间环绕着中间的庭院。对于从车站前往公园的游客来说，艺文馆相当于公园的大门。

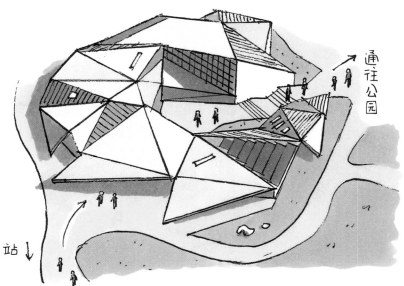

通往公园

通往车站↓

钢板、不锈钢网、绿化板、石块等，每个屋顶都选用不同的材料。

▲中间庭院视角

入口走廊▶

无论是室外还是室内，木材的出现率都非常低。

➜ 参看 P.130

这些不规则角度和形状的屋顶，可以说是 Aore 长冈中的杉木金属板的扩大版。

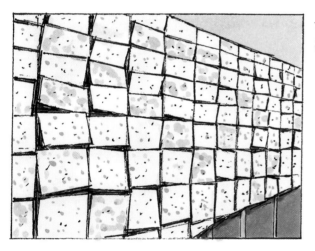

最有意思的是这石块屋顶，石块七扭八歪，仿佛摇摇欲坠。

肯定不会掉下来，石块背面是被牢牢固定住的。不过，公共建筑居然能实现这样的修建方式……

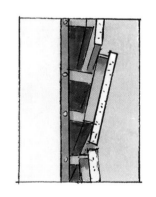

或许会有游客感叹："还是想看木质建筑！"别气馁，二号副楼绝对能满足你的期待。瞧，这满满的隈氏特色，有哪个委托方会不喜欢这些"竹蜻蜓"呢？

➜ 建筑的详细信息敬请参见 P.118

29 生生不息的木鳞

大和普适计算研究大楼

轻快系	东京文京区本乡 7-3-1 东京大学内；乘坐东京地铁丸之内线或都营地下铁大江户线等到达"本乡三丁目"站后，步行约 8 分钟即到
波光粼粼	
2014 年	地下 2 层 + 地上 3 层／2709.53m²

这座建筑位于东京大学内，壁板像鱼鳞般层层叠叠，逶迤绵延。外墙使用了4种壁板，采用12种间隔方式进行排列。为了呈现自然曲线，隈研吾及其团队运用计算机进行了多次排列组合的模拟试验。

即使是去东京大学参观过的人，也很少有人实际见过这座建筑。

从春日门前往怀德馆（前田家族的庭园），需要走过一条细长小道，研究大楼便位于道边。

这条偏僻小径要想吸引路人的目光，一定需要相当强的震撼效果。只需要向东转头，即可看到"波光粼粼"的杉木外墙。

这层层叠叠的木板，真像大鱼的鳞片。

← 东面的墙壁探出头来。

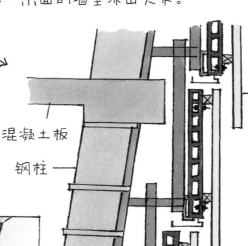

混凝土板

钢柱

外表平淡无奇，背面的工序却相当烦琐。

15mm厚的阻燃杉木板，涂有木材防护涂料。

六年过去了，杉木板的颜色几乎如初，不得不让人惊叹木材防腐涂料的功效之好。

透过走廊的窗户，可以看到部分杉木板。

关于鱼鳞般的外墙，隈研吾曾在书中写道："我想用粒子感的设计来回应内田祥三*的多彩石刻瓷砖。"

石刻瓷砖

内田式哥特式建筑

这些建筑之间的历史性呼应，让观者心有所触。不过，除了这些，校园内的银杏树也不甘落寞。

秋天的银杏果岂不是也具有粒子感，和这外墙一呼一和。说不定，内田祥三也意识到了粒子感的设计手法，所以才种了这么多棵银杏树！

→

隈同学，眼力不错。
*内田祥三（1885—1972）
东京大学校园的设计者。

→ 建筑的详细信息敬请参见 P.118

30 倾斜天井里的木龙

TOYAMA KIRARI

轻快系	富山市西町 5-1；乘坐富山市内电车到达"西町"站后，步行约 1 分钟即到
盘旋而起	
2015 年	地下 1 层＋地上 10 层／ 26792.82m²

这是一座复合型大厦，富山市玻璃美术馆、富山市立图书馆以及富山第一银行都囊括其中。为了充分利用南面的自然光，隈研吾大胆打造倾斜天井，用当地所产的杉木板材将其围绕。

TOYAMA KIRARI 与同年竣工的丰岛生态博物馆佑佛一对双胞胎，只不过，它们是长相各异的异卵双胞胎。

首先来看看 TOYAMA KIRARI 的外观。

北侧面向大路，将铝、花岗岩、玻璃等材料纵向放置。

南面将绿化板和太阳能板进行渐变铺设。

南北外观的差异也太大了吧……

← 俯视是这种效果。

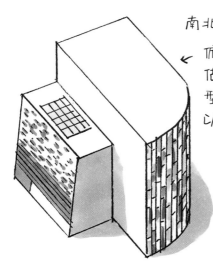

估计隈研吾是考虑到市中心的大型建筑要体现都市的热闹感，所以特意制造了这种分歧吧。

另一方面，丰岛生态博物馆的外观，在各个方向都采用了同一设计模式，如同穿了一条小裙子。

· 太阳能板
· 绿化板
· 再生木材等

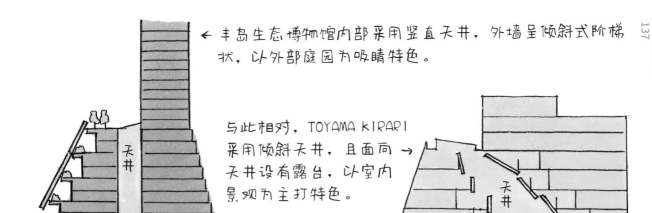

← 丰岛生态博物馆内部采用竖直天井，外墙呈倾斜式阶梯状，以外部庭园为吸睛特色。

与此相对，TOYAMA KIRARI 采用倾斜天井，且面向 → 天井设有露台，以室内景观为主打特色。

扭曲盘旋，扶摇而上，从没见过这样的天井！

杉木板经阻燃处理后，以百叶状环绕天井。木板的宽度和间隔各不相同，颇有振翅之势，与盘旋而上的天井掩映生姿。

这种视觉效果后来进化为梼原·云之上图书馆。

➜ 参看 P.148

➜ 建筑的详细信息敬请参见 P.118

31 邀客登高的三角屋顶

京王线"高尾山口"车站

轻快系	东京八王子市高尾町 2229
裙褶翩跹	
2015 年	地上 1 层／618.74m²

自2007年被《米其林旅游指南》评为三星级景点后，高尾山为迎接越来越多的登山者，将离山最近的"高尾山口"车站进行了全面改建。据说，车站的木屋顶象征着尘世与圣地之间的"结界"。

很少有改建项目能实现如此彻底的翻新效果，大部分人都会误认为车站重建了。

这是改建前的车站。

Before

After

改建后的二楼餐厅依然存在。

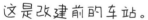

改建后，远观其实没什么新奇之处。
新加的部分只有一个大屋顶。

南面的外墙甚至原样未动。

前来登山的游客首先会从站内仰望屋顶。为此，隈研吾在近距离仰视的角度上费了最大脑筋。

1. 屋顶并非水平，而是朝向天空倾斜的。

2. 用木板给屋顶添加"褶皱"，进一步强调上升的感觉。

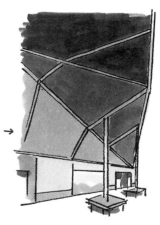

如果是光滑的金属屋顶，视觉冲击力肯定减半。

3. 为反向迎接踏上归途的游客，这部分没有褶皱的屋顶，但将车站塑造为"回家的大门"。

检票口的柱子和天花板也添上了褶皱，与大屋顶保持统一。

隈研吾说，车站的造型参考了高尾山药王院。很像吗？

不过，用易懂的类比方式来讲解自己的设计作品，也是隈研吾的特色之一。

➡ 建筑的详细信息敬请参见 P.119

32 先进又倍感亲切的建材

相合家具设计实验基地

轻快系

蓬蓬软软

2015 年 | 三重县伊贺市

地上 2 层／974.73m²

这里是相合家具制造商的研究基地兼陈列室。聚氨酯的成型工艺是该公司的拿手好戏，因此聚氨酯在这座建筑中也扮演了主角。外墙使用聚氨酯泡沫塑料来包裹钢结构，内外两侧均覆有薄膜。

这座建筑明显体现了隈研吾的设计态度——与建筑材料面对面。

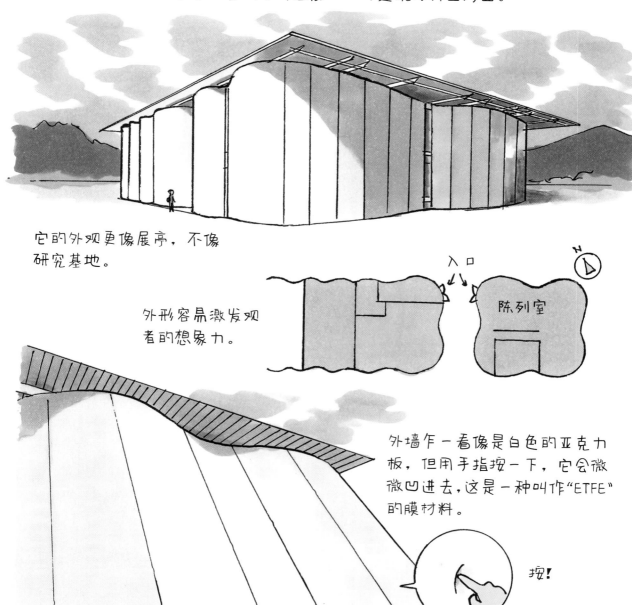

它的外观更像展亭，不像研究基地。

外形容易激发观者的想象力。

入口

N

陈列室

外墙乍一看像是白色的亚克力板，但用手指按一下，它会微微凹进去，这是一种叫作"ETFE"的膜材料。

按！

── 什么是 ETFE？ ──

ETFE 的全称是"四氟乙烯无织物基材膜"，其耐久性高，透光性好，不易脏，且轻于玻璃。海外率先使用了这种膜材料。

〈应用案例〉

起初，ETFE 由于不符合《日本建筑物基准法》的相关条例，所以并未在日本使用。2014 年，修正法案放宽了相关规定，ETFE 的应用限制被大幅降低。隈研吾得知这一消息后，立即开始尝试在外墙使用 ETFE。

伊甸园工程（2001，英国，设计师：尼古拉斯·格雷姆肖）

海外的应用案例大多注重 ETFE 的透光性，例如用透明的 ETFE 修建温室，用半透明的 ETFE 铺设体育场的屋顶等。

然而，隈研吾却在白色 ETFE 膜材料的内部又加了一层聚氨酯泡沫塑料（喷涂）。ETFE 本身透光且隔热，这样还怎么发挥 ETFE 的特性呢？

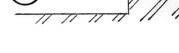

ETFE

聚氨酯泡沫塑料
养护网
聚氯乙烯薄膜

外

中

这当然是隈研吾故意为之的。从室内看，外墙就像棉花糖一样蓬蓬软软。

原来心思在这儿！

要这么说，建筑的平面形状莫非也是为了表现这种蓬松感？若真如此，这可是保持内外风格统一的新式设计方式。

建筑的详细信息敬请参见 P.119

33 热闹的馆内标识

饭山市文化交流馆

轻快系	长野县饭山市饭山 1370-1；乘坐 JR 饭山线或北陆新干线到达"饭山"站后，步行约 5 分钟即到
热热闹闹	
2015 年	地上 3 层／3888m²

北陆新干线"饭山"站于2015年投入使用，这座交流馆便是配套的公共设施之一。该馆由两个礼堂和一个交流中心组成，各建筑之间由名为"中道"的连廊相接，其参考了"雁木"的传统建筑形式。

不同侧面看到的外观完全不同，这真的是同一座建筑吗？

大礼堂的建材以木材为主，观众席和舞台地板也都铺设了木板，古色古香。

如此这般，有很多让人想吐槽的地方。不过，实地参观后，馆内标识中饱含的小心思让我久久难忘。

— · — · — FUN SIGNS！ — · — · —

首先，入口的馆名标识便令人眼前一亮。

由钢板剪裁而成，阴影和锈迹都很可爱。♡

这几年，隈研吾的设计事务所增设了负责标识设计的人员，所以，这座交流馆的标识尤为出彩。
我们今天主要把目光投向馆内热闹的标识。

快看标识！

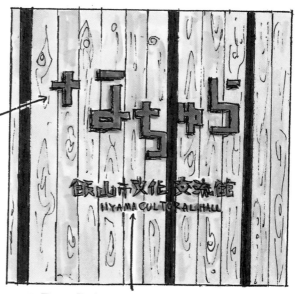

这里也是剪裁后的钢板，真精致！

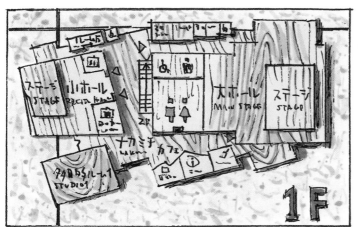

馆内标识基本都是用木头做的。

← 厚木板制成的平面示意图，凹凸不平。

┌ 从近到远依次是自动售货
↓ 机、前台、哺乳室，很可爱！

← 小礼堂的座位分布图。

┌ 卫生间标识，不禁
↓ 想多看一会儿。

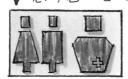

┌ 灭火器标识好看，而且门和周
↓ 围墙壁的木纹都是连接的！

真想给每个标识都颁个奖。
其中，一等奖要颁给这个馆名标识。
这已经不是标识了，简直就是金属
艺术品。

┌ 啊，影子也变成标识了！
我去的那天，馆内没有举办活
动。不过，看着这些标识，我
眼前仿佛出现了父母和孩子们
热热闹闹来馆的情形，这就是
标识的力量！

➔ 建筑的详细信息敬请参见 P.119

34 杂交培育的"一棵大树"

COEDA HOUSE
（集木咖啡馆）

轻快系	静冈县热海市多贺 1027-8 Akao Herb & Rose Garden 园内；乘坐 JR 到达"热海"站后，转乘开往网代方向的东海公交车，在"Akao Herb & Rose Garden"站下车即到
透彻明亮	
2017 年	地上 1 层／141.61m²

这是一家可以俯视海景的咖啡馆，位于植物园内，与 New Akao 酒店同属 New Akao 企业运营。8cm 见方的桧木条层层堆叠，架起一棵"大树"。碳纤维材料的加固作用使其得以开枝散叶，四面延展。

将不同种类的技术混合使用，从而产生新的建筑——
隈研吾莫非把生物科技引进了建筑领域？
COEDA HOUSE 的"父母"应该是这两座建筑吧？

Komatsu Material Fabric Laboratory fa-bo

木桥博物馆

参看 P.046

×

参看 P.054

↓

COEDA HOUSE

外围只有玻璃和 9cm 见方的钢柱。
玻璃外墙营造的通透感丝毫不输同在热海的"水／玻璃"（现热海海峰楼）。

参看 P.040

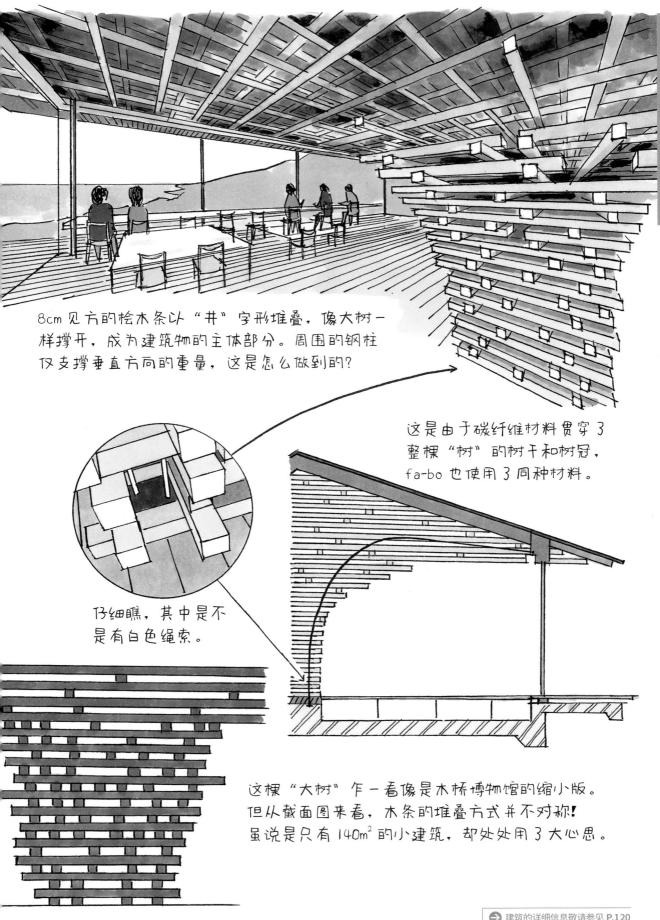

8cm 见方的桧木条以"井"字形堆叠，像大树一样撑开，成为建筑物的主体部分。周围的钢柱仅支撑垂直方向的重量，这是怎么做到的？

这是由于碳纤维材料贯穿了整棵"树"的树干和树冠，fa-bo 也使用了同种材料。

仔细瞧，其中是不是有白色绳索。

这棵"大树"乍一看像是木桥博物馆的缩小版。但从截面图来看，木条的堆叠方式并不对称！虽说是只有 140m² 的小建筑，却处处用了大心思。

建筑的详细信息敬请参见 P.120

35 "圣地"里的斑驳树影

梼原云之上图书馆

轻快系	高知县梼原町梼原 1212;乘坐 JR 土赞线到达"须崎"站后,转乘梼原线路的高知高陵公交车, 约 80 分钟后在"梼原"站下车, 步行约 7 分钟即到
扑簌簌	
2018 年	地下 1 层 + 地上 2 层／1938.31m²

梼原町位于高知县和爱媛县交界处,几乎可以称作""隈氏建筑"的圣地"。2018年梼原云之上图书馆落成,阅览室由钢材和杉木混合搭建,日影光怪陆离。该图书馆与YURURI梼原福利院相连。

如果想在一天内饱览"隈氏建筑"的魅力,那高知县梼原町是不二之选。无论是从高知机场还是从松山机场出发,都是大约 1 小时 40 分钟的车程,很难当天往返。所以,不如慢慢游玩,顺便领略高知县和爱媛县的风光。

若从爱知县前往梼原町,那么第一座"隈氏建筑"将是梼原云之上图书馆。

2018 扑簌簌 梼原云之上图书馆 + YURURI 梼原福利院

这座图书馆是我们本次圣地之旅中最新落成的建筑。怎么, 看起来这么朴素? 别急, 我们慢慢看。来, 先绕到东侧, 这外形像不像俄罗斯套娃?

俄罗斯套娃

YURURI 梼原福利院

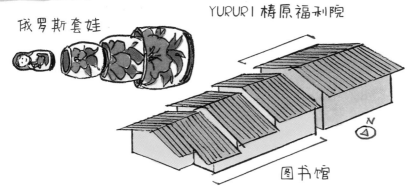

图书馆

莫非因为占地面积太大,所以才把外观分成了一段一段的? 并非如此,玄机另在他处。我们进入图书馆就知道了。

阅览室像登窑一样级级加高，头顶的杉木仿佛要从空中扑簌簌落下。屋顶是被分为一段段的，从每一段的落差里，阳光倾泻而下，把室内照得温暖、明亮。真是拍案叫绝的杰作！

社会上越来越强调无障碍化，所以台阶不太受人欢迎了，但对于孩子们来说，还是这样的高低差更有趣！

天花板的木结构是这种基本样式的重复，每个构件由4根12cm见方的杉木条组合而成。像我这样的凡人，完全搞不懂它们是怎么穿插在一起的。

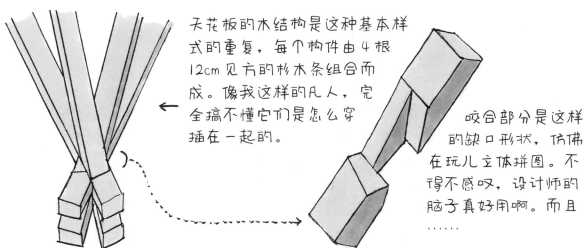

咬合部分是这样的缺口形状，仿佛在玩儿立体拼图。不得不感叹，设计师的脑子真好用啊。而且……

转下页。

从木条的缝隙中，可以看出柱子和房梁其实是钢结构的。那么，这些木条都只是装饰品吗？怎么会，它们可是结构材料，是有抗震功能的！

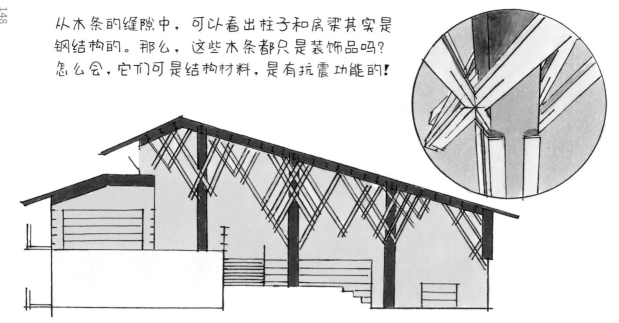

在梼原町，我们可以探索"隈氏木建筑"的进化过程。

2006
凹凸不平

梼原町政府办公楼

隈研吾在庆应义塾大学任教期间，与系统设计工程学系联手打造了这座环保办公楼。

虽然我早就听说它的外观使用了大量当地所产的杉木……

但我没想到结构上也用了这么多同样的木材！
厚重的胶合木彼此叠加构成叠梁，与传统木结构有相通之处，让观者不自觉地静下心来。
不仅对环境友好，对人的身心也十分友好。

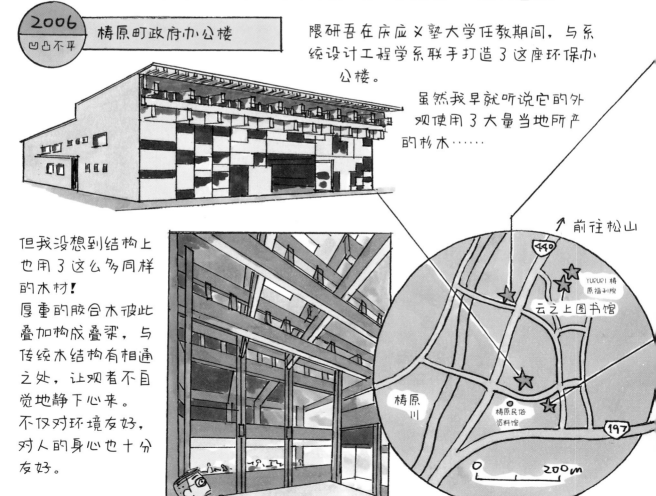

前往松山

440

YURURI 梼原福利院

云之上图书馆

梼原川

梼原民俗资料馆

197

200m

没想到这么和风！

2010 梼原町集市
茅屋草舍

集市的中庭排列着原木的柱子，柱子上分枝杈，如同一棵棵小树立在那里。天花板也是用原木搭建的。

外观更是见所未见，居然是用茅草铺设！虽然不是木材，但也属于植物。

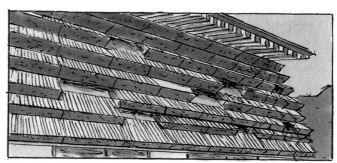

1994 云之上酒店
敦实厚重

（梼原町地区交流中心）

这是梼原町的第一座"隈氏建筑"。西侧（插图右侧）的柱子是在原有的杉木中插进钢板，又用钢索牵拉，从而实现加固的效果。整座建筑富有重量感，散发着与 M2 大楼相似的气息。目前，隈研吾正在着手完成该建筑的改造计划。

1948 梼原剧院
心旌摇曳

距梼原町政府办公楼约 2km

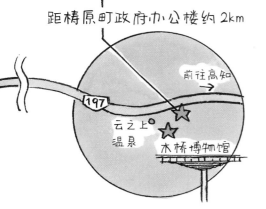

前往高知

197

云之上温泉

木桥博物馆

虽然云之上酒店是隈研吾在梼原町的第一座自主设计建筑，但其实他与这座小镇的渊源始于这座小剧院。1988 年，当地考虑拆毁这座小屋，隈研吾造访此地，参与了移建和修复计划。隈研吾说，"它那由木材团团包裹的空间彻底征服了我。"这次心旌摇曳的体验奠定了"隈氏建筑"的风格基础。不可错过。

➡ 建筑的详细信息敬请参见 P.120-P.121

36 扭转传统样式的八角屋顶

日本平梦观景台

轻快系	静冈市清水区草薙 600-1；乘坐 JR 到达"静冈"站后，转乘前往日本平线方向的静冈公交车，约 40 分钟后在"日本平梦观景台入口"站下车，步行约 5 分钟即到
参差错落	
2018 年	地上 3 层 / 主体建筑 964.70m²、观景回廊 965.01m²

该观景台位于日本平山顶，是远眺富士山的绝佳场所。建筑平面呈八角形，使用当地所产桧木，样式复杂，如同纷繁错落的枝桠。结构设计由大野博史负责，空中回廊是周长 200 m 的八角形。

信号塔（原有）→

站在地面上观看，它的外形令人联想起木结构的庙堂。

1~3 层是钢结构，由明亮的落地窗围绕，但屋顶是实打实的木结构。

观景回廊

从平面图来看，它的外观是正八角形的。应该是借鉴了八角堂吧……

观景回廊

前庭

信号塔（原有）

隈研吾在设计龟老山观景台（1994）时曾致力于消除建筑物的存在感。没想到绕了一圈，又回归传统样式了？真相没有这么简单……

➲ 参看 P.174

登上观景回廊就能看到，屋顶可不是什么传统样式。毕竟，我从没见过像折纸一样的木质屋顶！

完全不一样！

这样的形状，下雨时不会积水吗？带着这份担心，我又站远些瞧了瞧。
原来如此，我的担心是多余的。屋顶高低有序，而且屋顶的八角形与地基的八角形交错相对。

嗯，乍一看很简单。

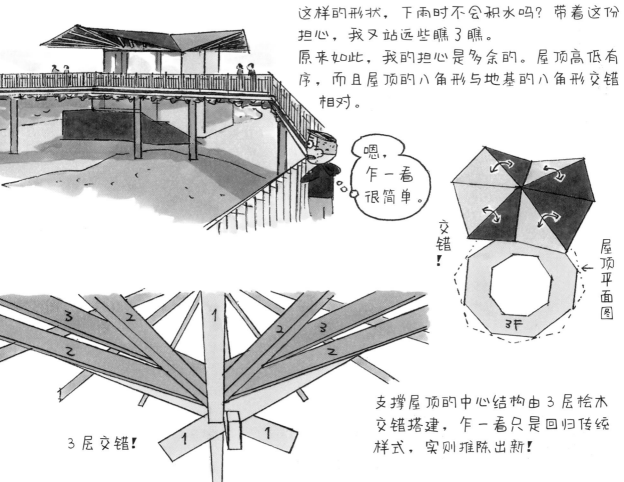

交错！

屋顶平面图

3F

3层交错！

支撑屋顶的中心结构由3层桧木交错搭建，乍一看只是回归传统样式，实则推陈出新！

➡ 建筑的详细信息敬请参见 P.121

37 鱼贯而出的"隈氏建筑"

境町河岸餐厅"茶藏"
（原"境町驿"站"茶藏"）

轻快系	茨城县境町 1341-1；乘坐东武列车到达"东武动物公园"站后，转乘开往境町车库方向的朝日公交车约 30 分钟，在"境町驿"站下车，步行约 2 分钟即到
展翅欲飞	
2019 年	地上 2 层／483.53m²

茨城县境町是日本最先向海外出口"猿岛茶"的茶叶产地。"茶藏"坐落于利根川沿岸，是一家由市镇经营的餐厅。外墙铺设的杉木板其实是茶叶培植器皿的"障眼法"。餐厅周边还有很多其他"隈氏建筑"。

茨城县的境町里，"隈氏建筑"简直是鱼贯而出。那么，这个"境町"在什么地方？

在这里

茨城
境町
埼玉
东京
千叶

以"境町驿"站为出发点，我们先从最好找的建筑看起。

① 境町河岸餐厅"茶藏"

2019 年 4 月开放。

外墙铺设了角度各异的木质百叶，看起来像不像卷寿司的竹帘？

← 与"境町驿"站相连。

茶藏

嘿，又是展翅系列。

"境町驿"站中的一家小店铺也是"隈氏建筑"

② 境町三明治

2018 年 10 月开放。它的木架十分抢眼，像是立体模型。

← 顾客排成长队，三明治确实很好吃！

2020 年 8 月，③ S-Lab 与 ④ S-Gallery 同时开放。

前者是当地特色产品的研发中心，后者是画家肃粲宝的美术馆。两栋建筑呈 L 形排列。

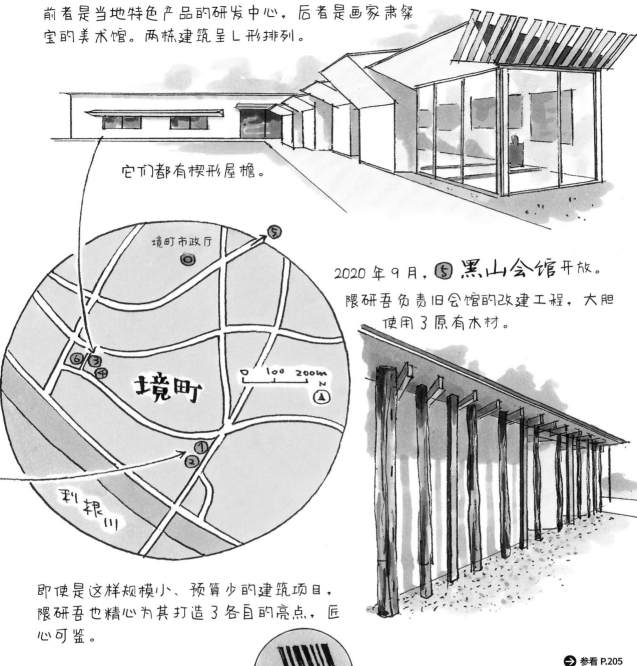

它们都有楔形屋檐。

境町市政厅 ⑥

⑤

⑥ ③
④

境町

0 100 200M

N

① ②

利根川

2020 年 9 月，⑤ 黑山会馆 开放。

隈研吾负责旧会馆的改建工程，大胆使用了原有木材。

即使是这样规模小、预算少的建筑项目，隈研吾也精心为其打造了各自的亮点，匠心可鉴。

➜ 参看 P.205

不如为它们设计各自的 Logo 吧！

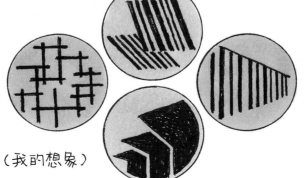

（我的想象）

⑥ 红薯干咖啡厅
2021 年春季开放。境町，今后会变成什么样子？

➜ 建筑的详细信息敬请参见 P.121-P.122

38 当地木材与灾后重建

陆前高田 Amway House
小镇檐廊

轻快系	岩手县陆前高田市高田町馆冲 111；乘坐 JR 大船渡线并转乘 BRT 公交车到达"陆前高田"站，西侧即到
高高低低	
2020 年	地上 1 层／545.28m²（含仓库）

灾后重建时，陆前高田市的地基被抬高，这座木质建筑便是在新地基上建造的交流会馆。它是集育儿援助中心、咖啡厅、观景台等设施于一身的综合性场馆，并与纺织品牌 mina perhonen 联动。

"隈研吾的木建筑，大部分使用了与钢结构混合的现代技术。"——若是对"隈氏建筑"有这样的想法，请一定来看一看这座小镇檐廊，它是陆前高田市灾后重建的一环。

乍一看，只是简单的悬山式屋顶。

这座木质建筑只有一层，占地面积广，柱子和房梁均使用了当地产的气仙杉木（原木）。它的屋顶借鉴了气仙木匠代代传承的"船舷"工艺。

┌─── 什么是船舷工艺？ ───

像日本传统船只的船舷伸出船外那样，以桁架托起房梁，实现"大出檐"的效果。

沿着坡道爬上去看看……

咦，这是去哪儿？

哇！

可以瞭望灾后地基抬高的整片区域。

坡道也如船舷般探出，不知不觉间，竟到了屋顶的观景台。

从东侧看，就变成了很新奇的形状。

高与低、粗糙与光滑。绝不只是单纯地回归传统样式，不愧是隈研吾。

从陆前高田市往南40km左右是南三陆町，这座桥也出自隈研吾之手，同样是灾后重建项目之一。

这座步行桥位于复兴祈念公园内，称为"中桥"，它分"上弦"和"下弦"两个通道，是一座双曲拱桥。

桥身是钢筋混凝土结构的，但桥面大部分由杉木制成。它的原型参考了伏见稻荷大社的千本鸟居。杉木是灾后移建工程中所采伐的木材。

桥东岸的璨璨商业街（2017）也是隈研吾的作品，隔壁正在建设中的驿站也是。这里难道要兴建"隈氏建筑大世界"吗？

中桥　公园

➔ 建筑的详细信息敬请参见 P.122

39 折纸屋顶的未来俯瞰视角

高轮 Gateway 车站

这是山手线的第30座车站，站顶以薄膜铺设宽大屋顶，由钢材与杉木的集成材支撑，呈折纸状。站内的墙壁与柱子采用了传统的木材铺设方式，通过木板的交错重叠呈现其凹凸感。

轻快系	東京都港区港南 2-1-220
一波三折	
2020 年	地下 1 层 + 地上 3 层／3969.52m²

我在高轮 Gateway 车站的开业当天（2020 年 3 月 14 日）跑去参观。

拿到了纪念章！

高轮 Gateway 车站
2020.3.14
开业

走进去一看，站内非常敞亮，木材的质感也很浓厚。

➡ 参看 P.141

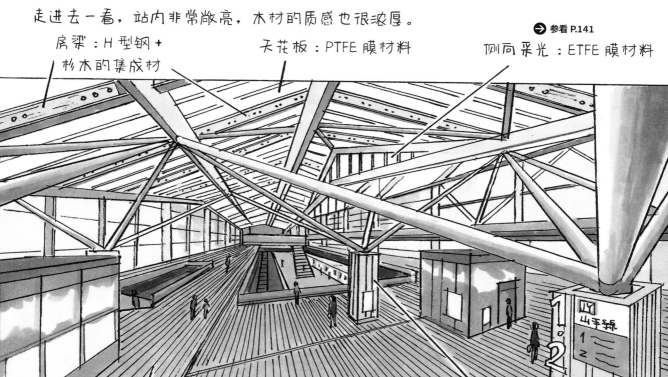

房梁：H 型钢 + 杉木的集成材

天花板：PTFE 膜材料

侧向采光：ETFE 膜材料

地板：木纹瓷砖

3 楼平台俯瞰视角

柱子：杉木板的传统铺设样式

我最喜欢这个长椅，天童木工制造，非常帅气！

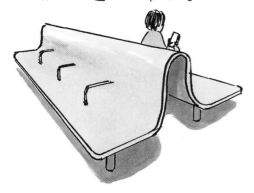

竣工前我就多次看过车站模型和透视图，如今实地考察。说实话，我没有体会到折纸屋顶的"一波三折"之感。

支架太多了，看不出屋顶的倾斜程度……

站台仰望视角

不过，此时下结论太过早矣。折纸屋顶的真正价值，要等车站西侧的建筑群建成后才能显现出来。

（建筑群预计 2024 年完工）

※ 车站开业时的状况

车站

检票口当前虽然略显平淡，但西侧已经准备修建与建筑群相连的天桥了。

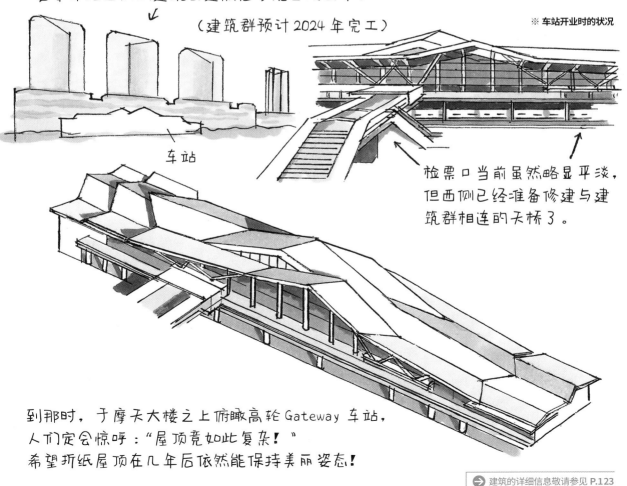

到那时，于摩天大楼之上俯瞰高轮 Gateway 车站，人们定会惊呼："屋顶竟如此复杂！"希望折纸屋顶在几年后依然能保持美丽姿态！

建筑的详细信息敬请参见 P.123

40 木梁连贯古今

新风馆

轻快系	京都市中京区乌丸大街姊小路下场之町 586-2；乘坐京都
百态百相	市营地铁到达"乌丸御池"站即到
2020 年	地下 2 层 + 地上 7 层／25610.97m²

新风馆原是建筑师吉田铁郎设计的京都中央电话局，如今摇身一变，成为容纳酒店和众多商铺的综合性设施。新建部分由木斗拱、铝百叶、墨色预制混凝土组成。

如何给历史性建筑增建，一直是颇具争议的话题。新风馆为这个问题提供了新的解决思路。

Ⓐ 对传统做法的"继承"。→

Ⓑ 充满挑战欲的"反差"。↓

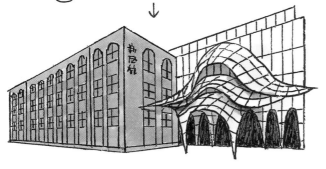

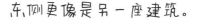

Ⓒ 隈研吾展现了第三种模式："混合"。

北侧外观简直是另一座建筑。

东侧更像是另一座建筑。

这是一种通过百态百相来隐藏个人意志的新手法。

建筑内部的风格与外观的百态百相截然不同，中庭的绿色与屋顶的木结构，将新旧部分完美衔接。

酒店的天井由粗壮的木构件包裹。木材看起来又粗又重，组合在一起却给人一种轻快的印象。

木梁在玻璃内外相对连接，仿佛穿透了玻璃，这也是轻快印象的来源之一吧。

咦，看着好轻！

仔细看，木材切口可以看到"背割"的花纹！

为防止干燥过程中木材开裂而人为制造的缺口。

背割

我第一次见到这种设计。

日本的传统做法是使用粗壮的木材，展现厚重感。

↙净土寺净土堂（1192，重源）

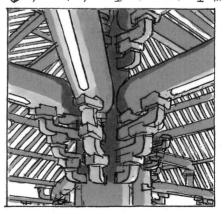

然而新风馆呈现了粗壮木材的轻快质感，这算不算建筑史上的大事件？

➡ 建筑的详细信息敬请参见 P.123

41 层层跳出的立体木架

Snow Peak LAND STATION HAKUBA

这里是主打户外装备的Snow Peak公司修建的野游基地，除商店和餐厅外，还可以在森林中享受露营的乐趣。钢结构的宽大屋顶隐喻白马三山的剪影轮廓，桧木架模仿了雪花的晶状结构。

轻快系	长野县白马村北城 5497；乘坐 JR 大丝线到达"白马"站后，步行约 10 分钟即到
层层叠叠	
2020 年	地上 1 层／972.52m²

传统木质建筑有"斗栱出跳"的说法，是指斗栱在屋檐下向外挑出了多少层。"出三跳"就是三层。↗

有些建筑还会"出四跳"甚至"出六跳"，如日本东大寺的大佛殿。

三跳

二跳

一跳

那么，这座建筑是出几跳呢？从最下面开始数，能到十跳。

这种层叠感画起来可太难了……

这种设计似乎性价比很高。

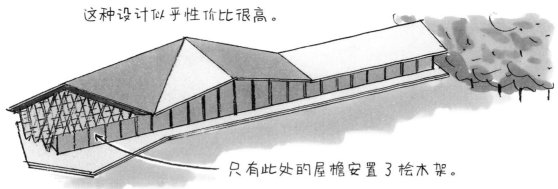

只有此处的屋檐安置了桧木架。

换个角度看，屋顶像展翅欲飞的大鸟。

← 室内是这样的观感。屋顶的主体很明显是钢结构的。木元素虽不多，却带来了不一样的感觉。还是木头和山景更配！

远山与屋顶轮廓重合了！

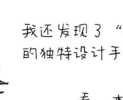
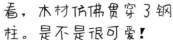

我还发现了"钢结构＋木结构"的独特设计手法！

看，木材仿佛贯穿了钢柱。是不是很可爱！

→ 建筑的详细信息敬请参见 P.123

消融外观
"静谧系"

打造融入日常景色的建筑空间

—

限研吾的标志性设计理念之一是"负建筑"。
它一词多义，其中一义是
"外观胜"＝"强调自身存在感"的对立面。

—

限研吾的首秀作品——M2 大楼
正是以外观取胜的建筑。
3 年后，在濑户内海的大岛（爱媛县今治市），
与之相对的建筑竣工了，
那就是龟老山展望台。

—

在山顶挖出一道裂缝，将建筑物"埋藏"于内，
台阶高低如迷宫，将游客引向不同的观景台，
二十多年过去了，龟老山展望台依然广受大家喜爱。

—

消融外观，打造融入日常景色的空间，
这就是本书第四部分"静谧系"介绍的建筑。

Part 4	静谧系	建筑资料

此处的建筑名称原则上优先展示竣工时的名称。对于原有名称不为人所知的建筑，则优先展示现有名称。
"—"意为未公开信息或信息不明。

42	龟老山展望台

地址：爱媛县今治市吉海町南浦487-4

委托方：吉海町

设计方：隈研吾建筑都市设计事务所

建筑结构设计：安艺结构规划事务所

建筑设施设计：环境计划

施工单位：二神组

建筑结构：钢筋混凝土结构

层数：—｜总面积：473.83 m²

设计工期：1991年11月—1993年5月

建设工期：1993年6月—1994年3月

交通路线：从大岛北高速公路出口驾车约15分钟即到

图解请见 P.174

43	传统艺能传承馆·森舞台

地址：宫城县登米市登米町寺池上町42

委托方：登米町｜设计方：隈研吾建筑都市设计事务所

建筑结构设计：青木繁研究室

建筑设施设计：川口设施研究所

施工单位：登米建设企业共同体（佐久田建设·及川工务店）

建筑结构：木结构（舞台）、钢结构（观众席）、钢筋混凝土结构（展览室）

层数：地下1层+地上1层｜总面积：498.21 m²

设计工期：1995年5月—1995年8月

建设工期：1995年10月—1996年5月

交通路线：东日本急行公交终点站步行约5分钟即到

图解请见 P.178

43-2	登米怀古馆

地址：宫城县登米市登米町寺池樱小路72-6

委托方：登米市

设计方：隈研吾建筑都市设计事务所

施工单位：渡边土建

建筑结构：钢筋混凝土及一部分钢结构

层数：地上2层

总面积：约800 m²

竣工时间：2019年

交通路线："登米明治村"站步行约1分钟即到

图解请见 P.181

44	银山温泉公共浴场·银汤

➡ 图解请见 P.182

地址：山形县尾花泽市银山新畑北 415-1
委托方：尾花泽市
设计方：隈研吾建筑都市设计事务所
建筑结构设计：青木繁研究室
建筑设施设计：大场电气设计事务所
施工单位：本间建设
建筑结构：钢筋混凝土及一部分钢结构
层数：地上 2 层｜总面积：63.24 m²
设计工期：2000 年 11 月—2001 年 3 月
建设工期：2001 年 4 月—2001 年 7 月
交通路线：银山温泉的花笠公交终点站步行约 5 分钟即到

44-2	银山温泉·藤屋

➡ 图解请见 P.183

地址：山形县尾花泽市银山新畑 443
委托方：藤敦
设计方：隈研吾建筑都市设计事务所
建筑结构设计：中田捷夫研究室
建筑设施设计：森村设计
施工单位：爱和建设｜建筑结构：木结构
层数：地下 1 层 + 地上 3 层｜总面积：927.99 m²
设计工期：2002 年 4 月—2005 年 3 月
建设工期：2005 年 4 月—2006 年 7 月
交通路线：银山温泉的花笠公交终点站下车即到

45	东京中城三得利美术馆

➡ 图解请见 P.184

地址：东京港区赤坂 9-7-4 东京 Midtown Galleria 3 层
企业主：三井不动产、全国共济农业协同组合联合会、明治安田生命保险、富国生命保险、Sekisui House、大同生命保险
设计方：隈研吾建筑都市设计事务所
施工单位：竹中·大成建设工程企业共同体
建筑结构：钢结构、一部分钢骨钢筋混凝土结构、钢筋混凝土结构
层数：美术馆位于地上 3~4 层｜总面积：美术馆部分 7200 m²
设计工期：2002 年 11 月—2003 年 9 月
建设工期：2004 年 5 月—2006 年 12 月
交通路线："六本木"站即到

46	芽武地球酒店（Memu Earth Hotel）

➡ 图解请见 P.186

地址：北海道大树町芽武 158-1
委托方：骊住集团(原 TOSTEM 建材产业振兴财团)
设计方：隈研吾建筑都市设计事务所
建筑结构设计：森部康司(昭和女子大学)(Mème)
建筑设施设计：马郡文平(东京大学、Factor M)(Mème)
施工单位：高桥工务店｜建筑结构：木结构
层数：地上 1 层(Mème)｜总面积：79.50 m²(Mème)
设计工期：2009 年 3 月—2010 年 10 月
建设工期：2010 年 11 月—2012 年 6 月
（Mème 于 2011 年 6 月竣工）
交通路线：从十胜带广机场驾车约 50 分钟即到

47	银座歌舞伎剧场

图解请见 P.188

地址：东京中央区银座4-12-15

委托方：歌舞伎剧场、KS Building Capital

设计方：三菱地所设计（设计）

　　　　隈研吾建筑都市设计事务所（构思统筹）

建筑结构设计：三菱地所设计｜建筑设施设计：三菱地所设计

施工单位：清水建设

建筑结构：钢结构（地上）、钢骨钢筋混凝土结构（地下）

层数：地下4层+地上29层｜总面积：93530.40 m²

设计工期：2008年1月—2010年9月

建设工期：2010年10月—2013年2月

交通路线："东银座"站即到

48	见城亭

图解请见 P.190

地址：金泽市兼六町1-19

委托方：见城亭

设计方：隈研吾建筑都市设计事务所

建筑结构设计：江尻建筑结构设计事务所

建筑设施设计：环境Engineering

施工单位：—

建筑结构：木结构｜层数：地上2层

总面积：315.03 m²

竣工时间：2019年

交通路线："金泽城"站步行约3分钟即到

49	广泽美术馆

图解请见 P.192

地址：茨城县筑西市大塚599-1

委托方：广泽制作所

设计方：隈研吾建筑都市设计事务所

建筑结构设计：樱设计集团｜建筑设施设计：森村设计

施工单位：大成建设

建筑结构：钢筋混凝土结构

层数：地上1层｜总面积：534.43 m²

设计工期：2014年10月—2015年7月

建设工期：2015年10月—2020年4月

交通路线："下馆"站驾车约10分钟即到

50	东京工业大学国际交流馆（Hisao&Hiroko TAKI PLAZA）

图解请见 P.194

地址：东京目黑区大冈山2-12-1

委托方：国立大学法人东京工业大学

设计方：隈研吾建筑都市设计事务所、国立大学法人东京工业大学设施运营部设施整备科

施工单位：鹿岛（建筑工事）

建筑结构：钢筋混凝土结构

层数：地下2层+地上3层｜总面积：约4800 m²

建设工期：2019年5月—2020年12月

交通路线："大冈山"站步行约1分钟即到

42 将游客纳入风景的层状空间

龟老山展望台

龟老山展望台是对原有展望台的重建。原有展望台是一般意义上的建筑物，位于山顶公园，清晰可见。隈研吾却隐去它的外观，让展望台作为山体的一道"龟裂"而存在。

静谧系	爱媛县今治市吉海町南浦 487-4；从大岛北高速公路出口驾车约 15 分钟即到
东张西望	
1994 年	473.83m²

探访建筑物的过程中，只有当实景比照片更富魅力时，观者才会自然感叹"不虚此行！"从这个角度来说，从东京到龟老山展望台，虽然一路颠簸，但"不虚此行"的程度高达 200%！

- "龟老山"的由来 -
1300 年前，一位云游僧人在海边见到一只大龟，背驮黄金观音像，僧人感怀，在此修筑佛寺。

香火钱

大三岛　佰方岛
濑户内海　大岛
0　5km
四国岛　今治
龟老山展望台
N

四国八十八景

只是这样吗？

这里是入口，"不虚此行"的程度大概 30%。此处可以说是"欲扬先抑"的战略战术，先让游客略感失落，再豁然开朗。

看这神奇的立体空间！不虚此行！

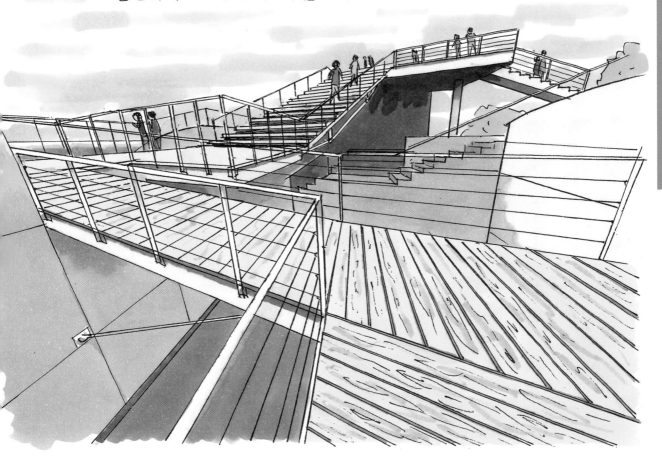

难抑心中兴奋，让我们来看看它的魅力所在。

① 致敬赖特的层状空间

眼前的层状空间让我联想起美国建筑师弗兰克·劳埃德·赖特的 YODOKO 迎宾馆（1924，原名山邑邸）。YODOKO 迎宾馆被树木簇拥，外观几乎不可见，内部由复杂的高低差来塑造多样观感。

隈研吾曾公开表示"欣赏赖特的作品"。龟老山的层状空间无疑借鉴了赖特的思路。

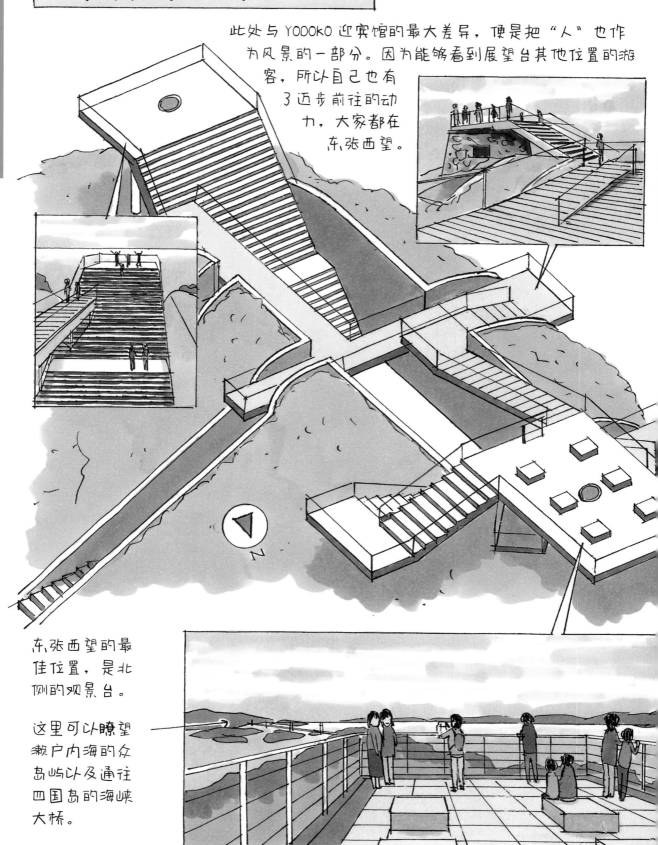

② 将游客纳入风景

此处与 YOOOKO 迎宾馆的最大差异，便是把"人"也作为风景的一部分。因为能够看到展望台其他位置的游客，所以自己也有了迈步前往的动力，大家都在东张西望。

东张西望的最佳位置，是北侧的观景台。

这里可以瞭望濑户内海的众岛屿以及通往四国岛的海峡大桥。

③ 隐去外观

龟老山展望台竣工时，隈研吾曾这样写道："展望台本是用来'看'的建筑，但很多展望台都变成了'被看'的建筑，在环境里十分突兀。"他把"看"与"被看"的反转定为设计龟老山展望台的目标。

弓张岳展望台
（坪井善胜，1965）

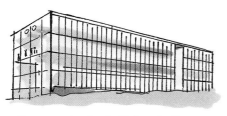

葛西临海公园展望广场
（谷口吉生，1995）

火之山展望台
（菊竹清训，1973，现已不再使用）

原来如此，其他展望台的外形的确都可以画在纸上。

大概是从龟老山展望台和"水/玻璃"（1995）开始，隈研吾就拥有了"不以外观定输赢"的自信吧？由此，他开启了新的设计路线，也就是本书所说的"静谧系"。例如……

➡️ 参看 P.040

北上川·运河交流馆
水之洞窟（1999）

对于隈研吾来说，龟老山展望台就是那只背驮黄金观音像的大龟吧？

43 古今并立的"和风密斯"

传统艺能传承馆·森舞台

静谧系	宫城县登米市登米町寺池上町 42；从"仙台"站乘坐登米综合支所方向的东日本急行公交车约 95 分钟，在终点站下车后，步行约 5 分钟即到
明净敞亮	
1996 年	地下 1 层 + 地上 1 层／498.21m²

能剧舞台采用寄栋式四坡屋顶，观众席从两个方向围绕舞台，并采用和风的水平样式，令人联想起路德维希·密斯·凡·德罗的范斯沃斯住宅(美国)。观众席兼作当地人的社交设施。

日本建筑学会奖称得上是日本建筑界的芥川奖，隈研吾在 1997 年获此殊荣。那么，他是用哪部作品参加评选的呢？——M2 大楼？"水／玻璃"？广重美术馆？都不是。

知晓答案的人，一定是资深的"隈氏建筑"爱好者。正确答案就是，宫城县登米市的传统艺能传承馆·森舞台。

奖章似乎是一面铜镜。

就连我，也是为了写这本书才第一次见到森舞台。
此前我一直心里嘀咕，"为什么不是广重美术馆或石材美术馆获奖啊？"
我现在要反省，森舞台实至名归！
这座建筑可谓奠定了日后"隈氏建筑"的基石。

将室外纳入"设计空间"

这座建筑规模不大，总面积不到 500m²。它的两栋主要建筑平行相对，在一侧由室外观众席相连，三者构成一个整体的大空间。

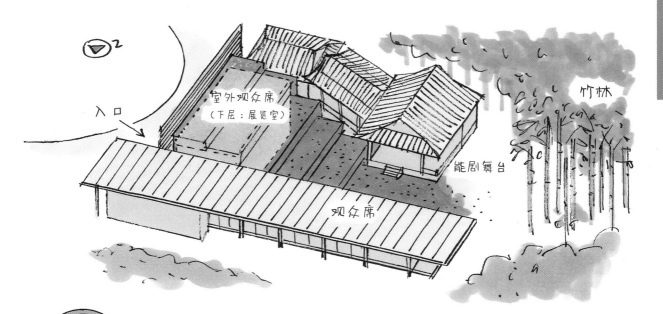

尊重传统

能剧舞台处处体现着诚意与讲究。落成后已过去四分之一个世纪，木材颜色沉淀，显出时光的沧桑，如同江户时代遗留下来的作品。

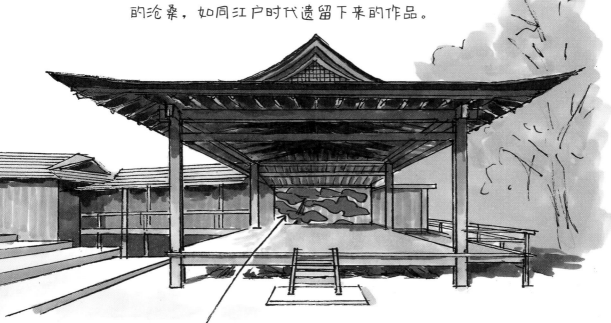

舞台背景由千住博绘制，他现在已经是日本首屈一指的大画家。隈研吾的心思体现在方方面面，似乎是打定主意要建造百年后的文化遗产。

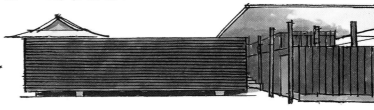

以木百叶来降低厚重感

隈氏基石3

森舞台的大部分外观由木质百叶覆盖。起先或许只是不知如何处理展览室的"背面",所以选了这样一个"苦肉计"。谁成想,这将成为日后"隈氏建筑"的重要元素。

木质百叶在森舞台（1996）　→

叶山文化园（1999）　→

广重美术馆（2000）

参看 P.086

类似的一系列作品不断进化,成为"隈氏建筑"的特色。

陈年的木百叶已显破旧,却别有格调。

转守为攻

隈氏基石4

这当然不是一座只重视传统的建筑,隈研吾的挑战欲集中体现在观众席。

玻璃窗（木质框架）竟然可以全部收纳在这里!与防雨窗同理,面山的一侧也是如此,前后通透的敞亮空间,简直难以置信。

↓ 完全打开的状态

就是为了古今碰撞,才打造了恪守传统样式的能剧舞台。二者的对比效果着实震撼,观众席风格前卫,仿佛是和风的范斯沃斯住宅。

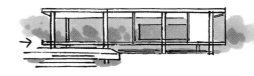

据工作人员说，如今在能剧演出之际，依然会取下所有玻璃窗，实现全开放状态。不过，水平屋顶上的积雪很难处理。确实存在这方面的问题，年轻的建筑师们一定要吸取这个教训。

隈氏
基石5

"小意外" 不影响 "被信任"

即使有不便清扫积雪的问题，委托方也并没有抱怨隈研吾的设计思路。何以如此说呢？因为他们又邀请隈研吾进行了新的建筑设计，距离森舞台约5分钟的车程。

那就是2019年9月面向公众开放的登米怀古馆。

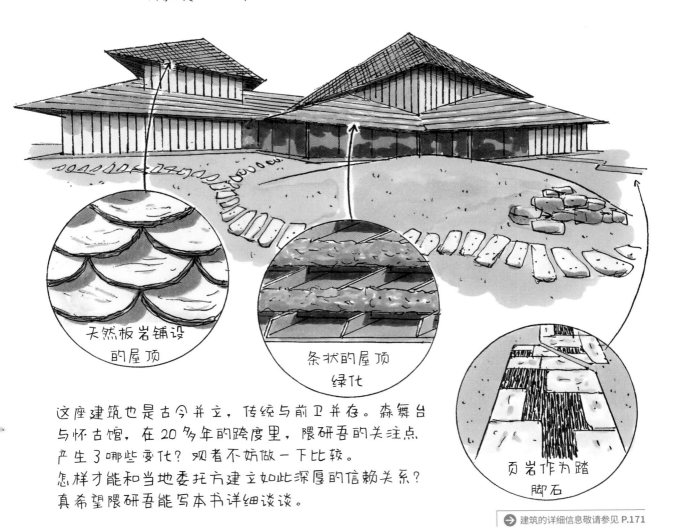

天然板岩铺设
的屋顶

条状的屋顶
绿化

页岩作为踏
脚石

这座建筑也是古今并立，传统与前卫并存。森舞台与怀古馆，在20多年的跨度里，隈研吾的关注点产生了哪些变化？观者不妨做一下比较。

怎样才能和当地委托方建立如此深厚的信赖关系？真希望隈研吾能写本书详细谈谈。

建筑的详细信息敬请参见 P.171

44 古镇上的"黑衣人"

银山温泉公共浴场·银汤

静谧系	山形县尾花泽市银山新畑北 415-1;乘坐 JR 到达"大石田"站后，转乘银山温泉方向的花笠公交车约 40 分钟，在终点站下车，步行约 5 分钟即到
偏安一隅	
2001 年	地上 2 层／63.24m²

银山温泉历史悠久，在它的北端，藏着一家小小的公共浴场。白天面向游客开放，夜晚由当地民众使用。这样一座窄小的建筑物，不禁让人担心"浴室在哪儿?"进去之后，自会发现别样洞天。

我第一次去这家浴场的时候，一不小心走过了头。
它位于温泉街北端，处在银山川与旁边山崖之间的三角形狭窄空地上。

入口处只有 2 米左右。
也太窄了吧!
这应该是目前"隈氏建筑"中最窄的作品了。

这真的是"隈氏建筑"?

如果站在河对岸看，是这样一副光景。与其说是一栋房子，不如说是一扇大屏风。这样的用地条件，其实我觉得外观可以再张扬一些。但隈研吾还是想让它成为隐形的"黑衣人"吧，偏安在古朴的历史小镇中。

我为什么想介绍这座建筑呢？因为它的浴室真的很棒！

这家浴场一共两层，总面积才 63m²。这么小的地方怎么塞进两个公共浴池呢？一层浴池是纵长的封闭空间。

墙壁由石材铺设，自然光从上方倾泻而下，竟有些神圣感。

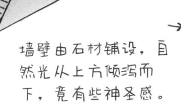

而二层浴池是横长的开放空间。

窗户采用了日本传统的双格栅"无双窗"（木格栅与亚克力格栅）。开窗后的浴池仿佛变成露天温泉。

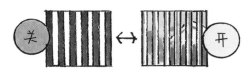

关 ↔ 开

男、女顾客以天为单位轮换使用两个浴池。我要在镇上住一晚，把两个浴池都体验一下！

银山温泉的另一家浴场——藤屋（2006 年改造）同样出自隈研吾之手，是"沉稳系"的佳作。藤屋内部的纤细装潢是一大看点。虽然票价较高，但值得入住。

→ 建筑的详细信息敬请参见 P.172

45 融入整体的内敛造型

东京中城三得利美术馆

静谧系	东京港区赤坂 9-7-4 东京中城 3 层；乘坐东京地铁日比谷线到达"六本木"站后，出站即到
出头露角	
2006 年	美术馆位于地上 3~4 层／7200m²

外墙百叶由陶瓷与铝组合而成，使得百叶的边缘尽可能凸出。百叶内侧采用"无双式"格栅，是"银汤"无双窗的进化形态。

在多名设计师参与的大型开发项目中，如何彰显自身特色是一个不小的难题。三得利美术馆只是巨大的东京中城的一小部分，怎么才能显示出它是"隈氏建筑"呢？隈研吾在这里仿佛打了一个哑谜，"懂我的人自然懂"。

东京中城（2007）

在这里

全景是这样的感觉。
猛然一看，像是由大型设计事务所设计的中规中矩的办公楼。
虽说与东京中城的整体氛围很协调，但让我不禁觉得，隈研吾怎么收起了"利爪？"

这是"隈氏建筑"？

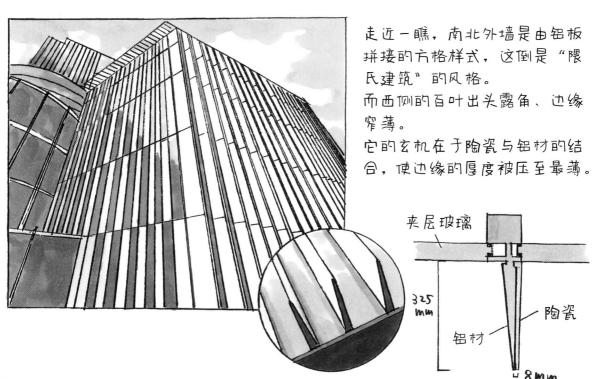

走近一瞧，南北外墙是由铝板拼接的方格样式，这倒是"隈氏建筑"的风格。

而西侧的百叶出头露角、边缘窄薄。

它的玄机在于陶瓷与铝材的结合，使边缘的厚度被压至最薄。

夹层玻璃

325mm

铝材　陶瓷

8mm

馆内除墙壁外，天花板也由百叶（泡桐薄板镶面）覆盖，这光景让我想起广重美术馆。

这里的百叶采用了日本传统的"无双式"双格栅，可以引入自然光。

原来内外的玄机还不一样！

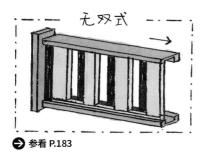

无双式

➜ 参看 P.183

没有刻意强调自身特色，而是基于以往经验精益求精，隈研吾在这段进化过程中，留下了自己的"爪痕"。此设计项目无疑让他收获了大企业的信赖。

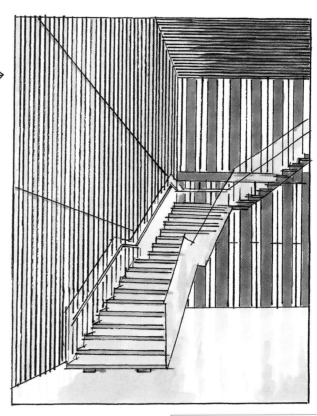

➜ 建筑的详细信息敬请参见 P.172

46 向原住民取经的双层膜住宅

芽武地球酒店
(Memu Earth Hotel)

静谧系	北海道大树町芽武 158-1；从十胜带广机场驾车约 50 分钟即到
暖暖和和	
2011 年	Même 小屋位于地上 1 层／79.50m²

芽武牧场原是赛马的培养基地，后作为研发环保建筑的场地被再次开发。芽武地球酒店是一系列试验住宅群，其中包括隈研吾设计的 Même 小屋。另有住宿设施由隈研吾负责设计。

芽武地球酒店中的试验性住宅 Même（法语单词，发音与"芽武"的日语发音相似）小屋。

在介绍这座小屋之前，我们先来了解一下原住民阿依努民族的传统住宅样式——Chise（阿依努语中"房屋"之意）。

冬季气温能低于 -10℃！

Chise 完全不使用钉子等工业制品，仅由木头和树叶等构成，屋顶和外墙也由叶子覆盖。屋内地面没有抬高，房屋中央挖掘自然地面来放置暖炉，周围铺草席。

Même 小屋便由此而来。这座建筑原是 TOSTEM 建材产业振兴财团（现骊住集团）修建于北海道大树町的环境技术研究机构的试验楼之一，于 2011 年改造完成。

"隈氏 Chise" 以当地落叶松木为骨架，覆以半透明的双层膜材料，中间插入透光的隔热层。

屋顶 & 外墙：
氟树脂涂覆膜
聚酯隔热材料 100mm 厚
防水透湿材料

天花板 & 内墙：硅涂层玻璃布

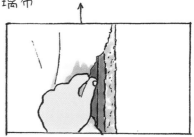

暖暖和和

地板：
榻榻米 15mm 厚
热水地暖 100mm 厚

暖炉

土壤蓄热

内膜由魔术贴粘连，方便拆卸，可以更换内部的隔热材料。

地板采用筏板基础加热水地暖，通过地面蓄热来达到节能的效果。

这可不是纸上谈兵。2018年，这套系统已经被应用于酒店客房，向大众提供服务了（冬夏均可）。

它的实际应用说明了，哪怕是试验性住宅的设计方案，隈研吾也丝毫不肯掉以轻心。世上有那么多的试验性住宅，有哪些能像 Même 小屋一样，让人如此期待入住呢？

➡ 建筑的详细信息敬请参见 P.172

47 剧场背后的白瀑垂空

银座歌舞伎剧场

静谧系	东京中央区银座 4-12-15；乘坐东京地铁日比谷线，或者乘坐都营浅草线到达"东银座"站后，出站即到
飞流直下	
2013 年	地下 4 层 + 地上 29 层／93530.40m²

这座建筑是对和风建筑师吉田五十八担任设计的第四代歌舞伎剧场的改建。剧场的外观重现了往日光景，上部新建了高大的办公楼。该项目由隈研吾和三菱地所设计共同设计完成。

此次改建项目为历史性建筑的再利用，提供了新的方案，具有开拓性的创新意义。

完全保留 ← 改建后保留 ← 部分保留 ⇨ 复原 - - - → 解体

此前，人们对于再利用方案的思考大多止步于此。

复原方案能够取得大众的认可，原因之一在于西侧和南侧的建筑物外观与改建前基本一致。

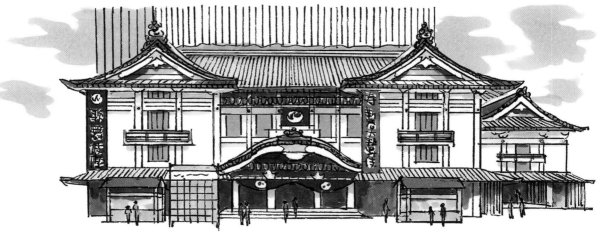

晴海路一侧（西侧）↑

木挽町路一侧（南侧）在建筑物后方稍有变动，估计只有记忆力超群的人才能看出来吧。

得到认可的另外一个原因在于，办公楼的巧妙构思。只有左边这一小部分露出了建筑物的板条，右边的百叶部分对应底部剧场的中心线，如同衬托剧场的银白瀑布。

飞流直下

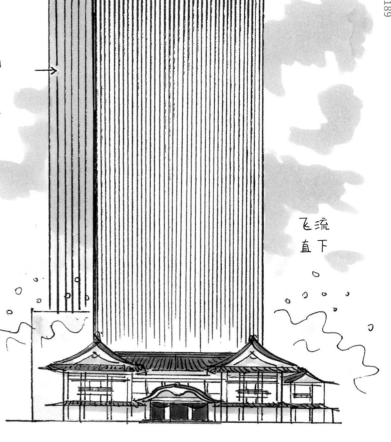

剧场屋顶（5层）建有小花园，无须门票即可进入。

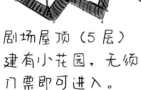

噢，能看到屋瓦。

都市绿洲！

屋顶花园配有户外楼梯，沿梯而下，能够清楚看到剧场的屋顶瓦片。歌舞伎剧场往日隐藏的魅力也得以展现，这应该是上年纪的剧场粉丝们毫无怨言的重要原因之一吧？

建筑的详细信息敬请参见 P.173

48 暗夜浮现的点点金光

见城亭

静谧系	金泽市兼六町 1-19；从"金泽"站乘坐金泽周游公交车约16 分钟，在"兼六园下·金泽城"站下车，步行约 3 分钟即到
金光闪闪	
2019 年	地上 2 层／315.03m²

这座建筑是对位于兼六园茶店街的老屋改造，使用了传统的"指物"建造工艺。该工艺不使用钉子，仅利用木材的凹凸部位连接，常见于北陆地区的民房，用来抵御大雪。

这次我们从二层的室内看起。
没想到吧，隈研吾竟能以这种方式改造木结构。

见城亭位于兼六园的桂坂附近，是创业百年的茶屋老店。
隈研吾去除原有地板，将房柱和房梁涂黑，强调老店基业的厚重感。

← 这里是一层的台阶转角。
格子状的搭建方式很有立体感！

金光闪闪

金箔
*

灯具的样式似乎参考
了本店的特色甜品"黄→
金冰激凌"。

* 一层是金箔及和式点心的售卖处。

灯光映入玻璃窗，虚实
相衬，夜晚如梦如幻！

我为什么会把这座建筑归为"静谧系"
呢？主要是因为我刚到这里的时候，
竟然不小心走过了，这外观也太不起
眼了！

我查了查资料，发现改建后的外
观和原有建筑几乎一模一样。

Before

为什么非要保留原有外观呢？大概是出于对旁边
历史园林——兼六园的考虑，主打"原样未动"
的高洁。而且，不起眼的外观与惊艳的室内装饰，这份"反差萌"更能
打动观者。隈研吾搞这么一出，让专业的室内设计师情何以堪……

→ 建筑的详细信息敬请参见 P.173

49 石块堆起的"拟态"

广泽美术馆

静谧系	茨城县筑西市大塚 599-1；乘坐 JR 水户线、关东铁路常总线，或者真冈铁路到达"下馆"站后，驾车约 10 分钟即到
怪石嶙峋	
2020 年	地上 1 层／534.43m²

广泽美术馆位于茨城县筑西市的 THE HIROSAWA CITY 主题公园内，于 2021 年 1 月开放，归广泽集团的广泽清董事长所有。广泽清喜好从各地收集石头，至今已达 6000 t。

我觉得这座建筑的设计理念与兰花螳螂的"拟态"有异曲同工之妙。拟态的结果是与周边风景融为一体，但拟态的方式让人眼前一亮。

正在假装成兰花的兰花螳螂。

兰花螳螂生活在东南亚的热带雨林里。

静谧的同时又让人震撼。
广泽美术馆就体现出了这种反差的碰撞。
它假装的不是兰花，而是石庭。

好大的石头！

我在实地考察之前对这座美术馆已经有所了解，但亲身一看，依然深受震撼。
毕竟，这种怪石嶙峋的景象并不多见。

视角不同，观感也不同，宛如戈壁滩……

也可以和美术馆很搭……

站在地面上很难想象整座建筑的形状，如果从空中俯瞰，会发现它很像"手里剑"。

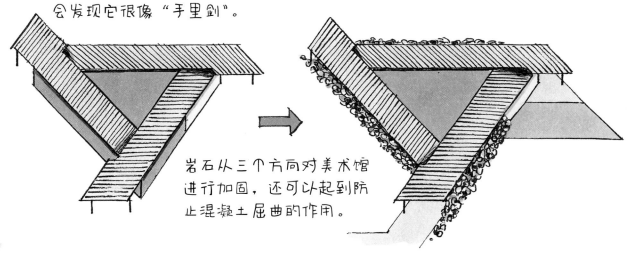

岩石从三个方向对美术馆进行加固，还可以起到防止混凝土屈曲的作用。

据说，隈研吾在设计过程中，曾考虑过让外部岩石延伸到室内。我一方面好奇那会是怎样的景象，另一方面又觉得如今的效果也不错……

室内很敞亮

➡ 建筑的详细信息敬请参见 P.173

50 | 隐于广场的建筑

东京工业大学国际交流馆
(Hisao&Hiroko TAKI PLAZA)

静谧系	东京目黑区大冈山 2-12-1；乘坐东急大井町线或目黑线到
七零八落	达"大冈山"站后，步行约 1 分钟即到
2020 年	地下 2 层 + 地上 3 层／约 4800m²

这是一座国际交流设施，位于东京工业大学的大冈山校区正门附近，于 2020 年年底竣工。GURUNAVI 的董事长泷久雄是东京工业大学的校友，他向母校捐款修建这座建筑，并推荐隈研吾担任设计师。

提到拥有大台阶的建筑，脑子里会自然浮现具有压迫性的存在感。

大阪府立飞鸟博物馆
（安藤忠雄，1994）

京都车站大楼（原广司，1997）

这座建筑则不然，它的外观几乎全都是大台阶，存在感却很微弱。

与其说是一座建筑，不如说是广场的一部分。

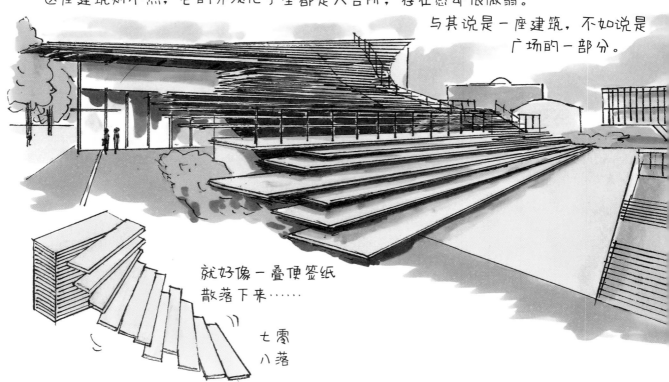

就好像一叠便签纸散落下来……

七零八落

各层的梯形平面相互交错，使台阶呈现扭曲的形状。

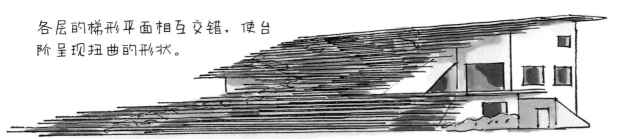

"大风山"站

周围有很多知名建筑。

百年纪念馆
图书馆
主楼
（已登记
"国家有
形文化
财产"）

70周年纪念讲堂

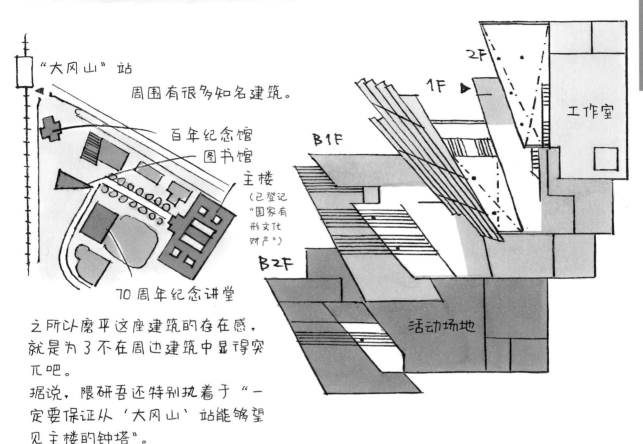

2F ▶
1F ▶
工作室
B1F
B2F
活动场地

之所以磨平这座建筑的存在感，就是为了不在周边建筑中显得突兀吧。

据说，隈研吾还特别执着于"一定要保证从'大风山'站能够望见主楼的钟塔"。

啊，确实能看见钟塔。

不过，既然是要望见钟塔，怎么不再大胆一点儿，做成这种样式呢？

幻想图

无论如何，这七零八落的阶梯，估计会成为隈研吾的新式"武器"。

→ 建筑的详细信息敬请参见 P.173

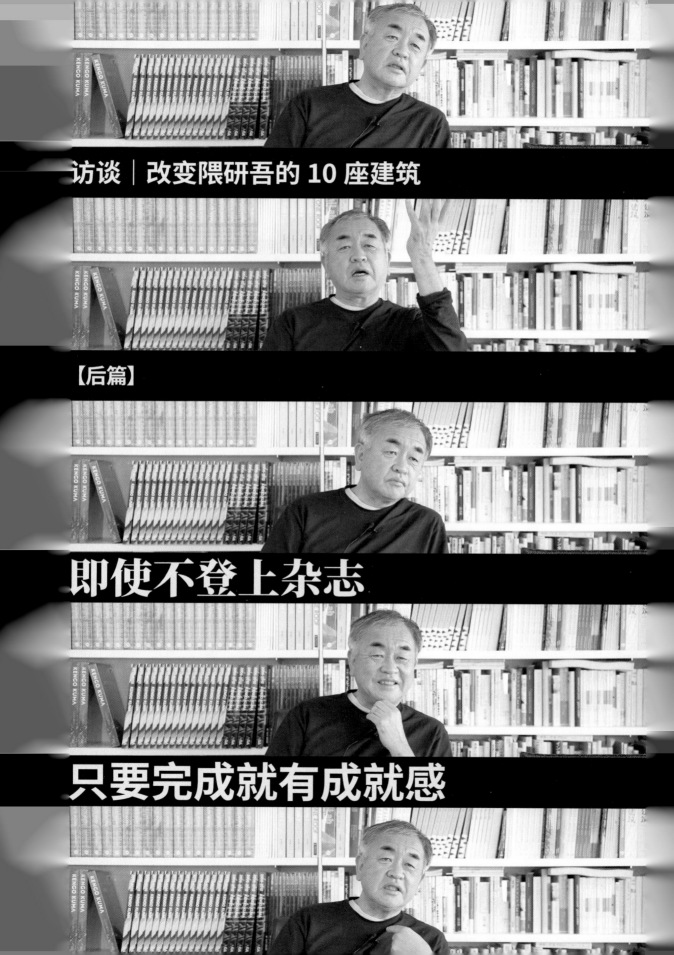

访谈 ｜ 改变隈研吾的 10 座建筑

【后篇】

即使不登上杂志

只要完成就有成就感

M2 大楼之后，隈研吾在东京接不到委托，

度过了"空白"的 10 年。

2000 年，随着那珂川町马头广重美术馆

以及石材美术馆的建成，

隈研吾捕捉到前进的方向。

在访谈后篇，

我们来听一听 2000 年之后的

5 个转折点。

发问者：宫泽洋

村井正诚纪念美术馆

[2004 年 | ➡ P.092]

重复利用原有木材
继承老屋的质感

___我选的村井正诚纪念美术馆（2004）与建在中国的竹屋(2002)似乎有相通之处。您曾说"喜欢破破烂烂的材料"，我是在去过村井正诚纪念美术馆之后，才明白您不是在哗众取宠，而是真情实感。

● 那里的破烂感是不是很不错？我也特别喜欢。

___破破烂烂的材料似乎增强了空间的质感，空间将时间的流逝容纳其中，这种观感很独特。我在杂志上读到关于它的介绍时，很不明白为什么要在中间保留原有画室。实地一看，的确感

建筑照片除特殊说明外均为宫泽洋拍摄

受到了那种缓缓渗透的存在感。无论是建筑物还是周边风景，确实是一部杰作。您在那之后又承接了不少翻新项目，这座美术馆算是一个起点吗？

- 它确实属于我接手的第一批保存类项目。我去考察老房子的时候，第一反应就是"和我老家一模一样"，毕竟那是村井先生日夜居住的房子。而且早期的木质建筑和后期的木质建筑不太一样。早期的木质建筑有手工制作的质感。不是说寄屋那种茶室的"虚假手工质感"，而是因为没钱所以只能亲自动手制作的那种现实感。这和我小时候住的房子很像，当时就觉得很亲切，也很怀念。

- 我父亲的年龄和村井先生接近，甚至屋子里的物件摆设都和我家类似。村井夫人是委托人，她说也请其他建筑师制定过改造方案，但总觉得和丈夫的气质不符。我一看，都是把老房子原样新建的方案。

___原样新建，确实也是传承记忆的一种渠道。

- 我觉得那是停留在视觉的传承方法，而我想把老房子的质感也传承下来。所以就想着，干脆让老房子的原有建材当主角。但其实所谓的原有建材，数量很有限，也就是壁龛的柱子那种。后来，我看了看地板和屋顶隔板，因为不是用现代加工工艺加工的，所以弯弯曲曲的，一点儿都不直，当时我就觉得这个好。

___那些就是后来用在外墙的木板吧？确实让人觉得，弯曲得恰到好处。

- 那种形状现在想造都造不出来。我想着，让这些木板当主角，应该就能留住村井先生的老房子的质感，这也是一种现实感。

___保存画室是委托人的要求吗？

- 我记得是我的提议。村井先生好像不扔东

第一反应是『和我老家一模一样』

西，所以家里到处都是东西。那间画室也被塞得满满当当，只勉强留出一个画画的空间。这种氛围，我特别想以空间的方式把它保留下来。

No.07　　　　　　　　　　　10 个转折点

梼原木桥博物馆
[2010 年 | ➡ P.046]

用粒子的集合体
创造建筑

___接下来是木桥博物馆，请您说说选它的理由。

- 不仅木桥博物馆，梼原（高知县）这个小镇对我来说就是一个很大的转折点。20 世纪 90 年代我在东京接不到委托，是梼原町向我抛出了橄榄枝。也正是在那里，我正式邂逅了木头这种建材。不过也仅是邂逅，之后经过了多番摸索，历时许久才学会了广重美术馆那种木材的使用方法。

- 我在梼原町留下了一系列作品，那可以说是我学习使用木材的一段旅程。而木桥博物馆正是这段旅程的终点，是集大成之作。

___是委托方要求建成桥状的吗？

- 是的。其实它只是连接酒店和温泉会馆的组件，没必要非得建一座木桥。但是梼原町的其他地方有木桥，当地就想把桥作为小镇特色，所以提了这样的建议。

___您产出的木质建筑数量繁多，但您觉得这座博物馆是一个转折点？

- 对，因为我觉得将建筑作为粒子的集合体展现出来是"隈氏建筑"的一大特色。很多建筑师用框架来展现建筑，或者用体积来表现。木桥博物馆不是这样的，它的木

头没有构成一个框架，而是由小小的粒子组成一个集合体。

__我明白了。这种表现形式进一步细化，就成了太宰府的星巴克（星巴克太宰府天满宫表参道店，➡ P.050）和东京的微热山丘（Sunny Hills，2013，➡ P.050）。

Aore 长冈

[2012 年｜➡ P.130]

**"翻过来的袜子"
赢得市民的喜爱**

__下一个是 Aore 长冈（2012）。我觉得这件作品是"隈氏建筑"在"轻快系"的重要拓展。动工期间我曾看过透视图，当时没想到成品会是如此富有魅力的一个空间。丹下健三（建筑师，1913—2005）等建筑师都曾致力于修建"开放的市政厅"，我觉得 Aore 长冈的中庭真正实

梼原町是学习使用木材的地方

现了这一点。

- 这本书把 Aore 长冈分到"轻快系"中，我觉得相当有水准。这件作品虽然面积很大，但确实给人轻松愉快的感觉。

___它原本是竞标项目吧?

- 没错，竞标的要求是带广场的市政厅，评审委员长是槇（文彦）先生。我的方案就是在正中间摆个很大的中庭，而且广场上要用木材，完全不知道这个方案合不合槇先生的口味。没想到槇先生很看好这个方案，而且说，"很有意思，像是把袜子翻了过来。"

___不愧是槇先生，这个形容太妙了。

- 简直一针见血。那个地块很难下手，几乎看不出它的形状。

___那种用地条件也很罕见。

- 竞标的时候，我一看别人的方案，都是想造出个建筑来，无论如何要让它看起来像一座建筑，这就很难办到。而我们团队一早就打消了这个念头，考虑干脆在中间放个广场，这步险棋还真走对了。

- 竞标虽然胜出了，心里还是不踏实，毕竟是座没有外观的建筑。所以就想着，从哪些地方能让它更有意思。后来我们就在细节上花心思，例如把薄板随机排列，让木质外墙显得摇摇晃晃。Aore 长冈并不是以整体轮廓吸人眼球的，而是以细微之处打动人心的。我就是从这时开始，找到了"轻快系"和"慵懒系"的设计技巧。

___各处细节的组合让整体空间显得轻快欢畅。从设计到动工再到完成，整个过程都和您预想的一样吗? 毕竟这个空间的构思好像很难向别人解释。

- 各处细节的完成都和设计图一致。我想的是，只要细节能出来，它们就可以让大的整体空间变得有意思。所以，修建过程中也没什么担心的地方。

- 实际上成品也确实很有意思，当地人经常会去逛逛。这也让我有了信心，知道人们喜欢这种轻快、慵懒的建筑样式。

我们一早就打消了『建筑』这个念头

Komatsu Material Fabric Laboratory fa-bo

[2015 年 | ➜ P.054]

与结构工程师通力协作
让未知的建材更实用

___还剩两件作品，下一件是我选出的 Komatsu Material Fabric Laboratory fa-bo。我在解说中也提到了，这不仅是"隈氏建筑"的创举，甚至可以说是建筑史上的划时代设计。用碳素纤维的绳索来加固建筑物，而且让绳索呈现视觉效果，这大概是前所未有的。

- 委托方最初告诉我希望用碳素纤维来加固原建筑物时，我的第一反应是"这太难了"。钢筋水泥的建筑物，怎么才能用那么软的材料加固呢？从直觉来讲，拿碳素纤维加固建筑物，实在是难以想象。

- 但 Komatsu Material（当时的小松精炼公司）的人对此跃跃欲试，我就想尽力满足他们的愿望。后来我去找结构工程师江尻（宪泰）先生（江尻建筑结构设计事务所主创，长冈造形大学教授，1962—）商量，他说，"有办法"。

- 江尻先生向我展示了碳素纤维的多种可能性，我们就是以此为出发点进行设计的。但是绳索的视觉效果我直到最后都心里没底。从结构上来讲，只要从地面往上拉紧绳索，它

的强度就足以加固原建筑物，但造型好不好看就另说了。绳索排列构成的平面与原建筑物之间的平衡，是我最担心的地方。如果绳索太细，平面就看不出来；可是如果太粗，又会失去重叠的观感。

- 原建筑的外墙要刷成什么颜色才能让绳索更显眼呢？绳索（碳素纤维）的力度要控制在什么区间？这些都是反复的模拟试验之后才敲定的。一直到完工，我心里才算石头落地。

___Komatsu Material Fabric Laboratory fa-bo 之后，您在木质建筑中也开始应用碳素纤维了。

- 如果用钢铁来加固木头，木头就会显得沉重，而如果用碳素纤维来加固木头，二者就仿佛天作之合。江尻先生在开始和我探讨 Komatsu Material Fabric Laboratory fa-bo 的设计方案之后，很快就着手在自己负责的"日本重要文化财产"的加固项目中应用碳素纤维。我觉得他灵活挖掘了碳素纤维的潜能，所以我也开始用了。

无须模仿自然，也可以贴近自然

No.10　　　　　　　　10 个转折点

V&A 邓迪美术馆
[英国 | 2018 年]

我要达到的效果
某种意义上的"自然"

___最后是您选出的 V&A 邓迪美术馆（2018），它位于英国吧？

● V&A 邓迪美术馆这个项目让我意识到，我的愿望是创造某种意义上的"自然"。

___某种意义上的"自然"？

● 例如，我们之前谈到了"破破烂烂"这个话题。我为什么喜欢那种破烂的感觉，是因为"破烂感"是自然的一种潜在特征。"随机性"也是。我喜欢的大概是潜藏在自然里的那些东西。

● 在我致力于把建筑埋起来的那段时期，我想着"埋进土里，盖上植被，就是自然了"。后来我觉得，无须如此。把建筑"埋"进土里，其实是比较蛮横的做法。与之相比，"破栏感"和随机性更能贴近自然。

● V&A 邓迪美术馆的竞标要求是"建筑物向外伸出悬于水面"。如果是普通的方形建筑，让它悬于水面就会显得很奇怪。所以，我考虑的是"悬崖"那种形状，加入随机性，再通过皱皱巴巴的表面让它产生丰富的阴影，以此来融入自然的要素。自然的东西一定会有影子，而且影子会不断变化。

● 设计 M2 大楼的时候，我特意加上了断面。到了 V&A 邓迪美术馆，虽然没有断面，我反倒觉得这次更加贴近自然的本质了。正是这个项目，让我摸到了之后建筑设计的门路。

● 从 20 世纪的新艺术派开始，所谓贴近自然的建筑都是在模仿自然的形状。但我觉得，这只是模仿了自然的表面。这也是为什么近代的建筑师们虽然都在呼吁"回归自然"，却屡遭挫败。自然的更深层的特征，应该是那种凹凸不平的感觉，或者随机、任意的感觉。若能达到这一境界，我就能为"回归自然"提交我自己的答卷。

___也就是说，哪怕是金属类建材，也能达到您提出的某种意义上的"自然"。

● 没错，就是这个意思。

不求完成一件作品
只求数量增加一个

___现在 10 个转折点我们就谈完了。最后，我有一个问题非常想问，在我写这本书的过程中困扰了我很久。您之前在书中提到，"建筑设计的关键在于持续"。我们能按照时间顺序描绘出您的作品进化图，也的确说明您有很强的持续意识。事实上，很多建筑师在尝试一件事物后都会避免再次沾手。您是从什么时候开始，在怎样的情况下开始重视"持续"的呢？

• 这和你找出的"轻快系"类别大有联系。"轻快系"，不是以什么了不起的作品为目标，不是致力于完成一座建筑。

___啊，真让我猜对了吗？其他建筑师之所以很少涉足这个领域，确实是由于这里很难成就建筑作品吗？

• 是的，很难出作品。"作品"这个概念本身就是近代产生的一种危险概念。它破坏了环境，也破坏了人们对建筑师的信任。

• 实际上，几乎所有的"轻快系"项目都是怎么看都无法称其为一件作品的，无论是从成本还是从物理条件来说。接到委托后，脑子里会冒出很多想法，但是跑去现场一瞧，看看用地，听听预算，聊聊建筑物的用途，就觉得怎么看怎么想都无法做出一件作品来。

• 但是，让客户满意是根本性要求，而我在这个过程中也想成就点儿什么。这个成就不是说成就一件作品，而是在自己一直在做的这条线上再添上点儿什么，让它再延长一点儿，这也是一种成就。

• 因为只是数量上增加一个，所以不值得登上杂志。但是，自己内心的那种"加上去了"的成就感非常强，比成就一件"作品"还要满足。我就是这样一个一个地拓展了自己的"轻快系"领域的。

___原来如此。

• 我们也可以称为"实验室工作法"。在实验室里的劳作不是为了产生一个作品，而是为了把一直以来的研究向前推进一点儿。那增加的一点儿，即可带来无限乐趣。

___听起来确实很有意义。读过我们这篇访谈的人，一定会对您和您的作品有更深的理解。

• 我要感谢你发现了我的"轻快系"，毕竟是很难被人理解的一个领域。

___您的"轻快系"建筑几乎都没有登过杂志，但我跑去实地一看，觉得真不错！

• 项目太小了，很难在杂志上介绍，但是很易于在网上传播，这也是互联网带来的一个好处。

___确实，或许会有更多的建筑师发现"轻快系"建筑物的乐趣吧？今天和您聊了这么久，我受益良多，非常感谢您。

几乎所有项目都无法成为『作品』

下页介绍的 4 件作品是隈研吾推荐的新作，在本书撰写过程中尚未完工，敬请期待它们的公开亮相。

隈研吾精选 · 最新佳作！

结合本书的四个类别各选一件作品

从旧教学楼到
知名作家资料
馆的华丽转身

村上春树图书馆
（早稻田大学国际文学馆）

隈研吾将早稻田大学（东京新宿区）的4号教学楼改造为世界知名作家村上春树的纪念资料馆。4号教学楼位于坪内博士纪念演剧博物馆旁边，这座博物馆也与村上春树有着很深的渊源。改建费用由早大校友柳井正（Fast Retailing 董事长兼总经理）全额捐赠。馆内预计除设有资料室、阅览室、讨论室外，还将开设能够沉浸式体验"村上世界"的咖啡馆和视听空间。建筑外墙大胆使用了耐腐蚀的固雅木。

设计：隈研吾建筑都市设计事务所
结构：钢骨钢筋混凝土／层数：地上5层
开放时间：2021年秋

世界首次采用
CLT 折板结构
的音乐厅

桐朋学园宗次大厅

在东京调布市桐朋学园大学仙川校区内，有一座由隈研吾设计的木质音乐厅。木结构的音乐厅本就不常有，其中的CLT（Cross Laminated Timber，正交胶合木）折板结构更是罕见。CLT板材由桧木和杉木制成，不仅用作结构材料，同时也起到声音反射板的作用。据说，这是世界上第一座以CLT为结构材料的音乐厅。它的旁边是2017年完工的教学楼（四层木楼），也是隈研吾参与设计的建筑作品。

[摄影·均为宫泽洋]

设计：隈研吾建筑都市设计事务所（基本设计、设计监督）
结构：木结构／层数：地上3层
总面积：2392.59m²／开放时间：2021年3月

用杉木百叶来模仿红薯干

红薯干咖啡厅
（境町街角咖啡厅）

茨城县的境町建有境町河岸餐厅"茶藏"（2019｜➋ P.152）等5座"隈氏建筑"，如今又新添了一座木质二层小楼。红薯干是茨城县的土特产，这间咖啡厅也有售，它的外墙便是模仿红薯干纤维纹理的杉木百叶。由此，境町成为全日本拥有最多"隈氏建筑"的小镇。2020年11月，隈研吾与桥本正裕町长共同出席了线上记者见面会。隈研吾谈道，"境町的网络状城镇建设模式，一定会受到全日本的关注。"

设计：隈研吾建筑都市设计事务所／结构：木结构
层数：地上2层／总面积：106.33m²
开放时间：2021年春

引导车站客流，打开区域格局

东洋大学赤羽台校区教学楼

2017年4月，东洋大学赤羽台校区（东京北区）投入使用。隈研吾为该校区设计了新的教学楼，东洋大学的生活设计系和生活设计学研究科（原本位于埼玉县朝霞校区）将搬入新楼。2017年开放的赤羽台校区也是由隈研吾设计的。他在接受该大学的采访时表示，"我此次的设计理念是把车站（JR赤羽）的客流直接引向校区。这个校区将呈现大学的新的理想状态——'连接人与人的纽带'。"隈研吾还设想在该地区修建3个广场。

设计：隈研吾建筑都市设计事务所／结构：钢结构
层数：地下1层＋地上6层／总面积：31723.89m²
开放时间：2021年

实话实说，要问我是不是特别喜欢隈研吾设计的建筑，其实也不是。从 1990 年到 2020 年的 30 年间，我以建筑杂志《日经 Architecture》的一名记者的身份，注视着隈研吾的发展。他的建筑设计都很"上相"，再加上他本人擅长语言表达，所以他和他的作品经常登上杂志。但是面对实物的时候，看到那些不走寻常路的设计细节，看到建筑内外不一的装饰风格，我没少讶异。一直到十年前，隈研吾对我来说都只是"或许能够担起日本未来"的那批建筑师中的一位。

可是，最近十年里，隈研吾的活跃程度远远超乎我的想象。"为什么他能接到那么多的设计委托？""为什么连普通民众都如此喜爱他的建筑作品？"能让我产生这些疑问的建筑师，隈研吾是头一个。

我从什么时候开始认真追寻这些问题的答案呢？是在我辞去出版社的工作之后。"让普通人也能够领略到建筑的魅力"。怀着这样的希冀，我以自己擅长的插画为武器，以写文绘画的"画文家"身份独自创业。迈出的第一步，就是这本书。

一方面，这本书当然是想送给超级喜欢隈研吾的读者朋友们；另一方面，如果那些心里想着"隈研吾有点儿……"的朋友们能出于"为什么对隈研吾大书特书"的好奇翻开本书，那我作为作者也就心满意足了。当你为这一问题找出自己的答案的时候，说不定你已经迷上"隈氏建筑"了。为什么这么说呢？因为我就是经历了这样的过程。

2021 年 4 月

宫泽洋

[作者简介]

宫泽洋 | Gong Zeyang

画家、编辑、Office Bunga 的主创之一、BUNGA NET 总编。

1967 年生于东京，成长于千叶县。

1990 年毕业于早稻田大学政治经济系政治专业，并入职日经 BP 出版社。

就职于《日经 Architecture》编辑部，2016 年 6 月—2019 年 11 月担任该杂志的总编。

2020 年 1 月辞去出版社的职务，同年 4 月，与矶达雄一道创立 Office Bunga。

从 2005 年 1 月起在《日经 Architecture》连载《建筑巡礼》（与矶达雄共同编写）。

著作有《前现代派建筑巡礼》《昭和现代建筑巡礼 完整版 1945—1964》

《昭和现代建筑巡礼 完整版 1965—1975》《后现代派建筑巡礼》

《菊竹清训巡礼》等（均为与矶达雄共同编写）。

版权贸易合同登记号　图字：01-2022-4316

图书在版编目（CIP）数据

限研吾建筑图鉴：50座名建筑的深度拆解与访谈 / (日) 宫泽洋著、绘；刘炯浩译. -- 北京：电子工业出版社，2024.10

ISBN 978-7-121-47207-7

Ⅰ. ①限… Ⅱ. ①宫… ②刘… Ⅲ. ①建筑画－作品集－日本－现代 Ⅳ. ①TU204.132

中国国家版本馆CIP数据核字(2024)第032132号

责任编辑：于庆芸　特约编辑：马　鑫

印　　刷：北京缤索印刷有限公司

装　　订：北京缤索印刷有限公司

出版发行：电子工业出版社

　　　　　北京市海淀区万寿路173信箱　　邮编：100036

开　　本：787×1092　1/16　印张：13　字数：345.6千字　彩插：4

版　　次：2024 年10月第 1 版

印　　次：2024 年10月第 1 次印刷

定　　价：108.00元

参与本书翻译工作的人员：马巍。

凡所购买电子工业出版社图书有缺损问题，请向购买书店调换。若书店售缺，请与本社发行部联系，联系及邮购电话：（010）88254888，88258888。

质量投诉请发邮件至zlts@phei.com.cn，盗版侵权举报请发邮件至dbqq@phei.com.cn。

本书咨询联系方式：（010）88254161～88254167转1897。